欧洲联盟 Asia-Link 资助项目

可 持 续 建 筑 系 列 教 材

张国强　尚守平　徐　峰　主编

土木建筑工程绿色施工技术

Green Construction Technology in Building and Civil Engineering

杜运兴　尚守平　李丛笑　等编著

中国建筑工业出版社

图书在版编目(CIP)数据

土木建筑工程绿色施工技术/杜运兴等编著. 一北京：中国建筑工业出版社，2009

可持续建筑系列教材

ISBN 978-7-112-11633-1

Ⅰ. 土… Ⅱ. 杜… Ⅲ. 土木工程一无污染技术一高等学校一教材 Ⅳ. TU-023

中国版本图书馆 CIP 数据核字(2009)第 219408 号

本书是欧盟 Asia-Link 项目“跨学科的可持续建筑课程与教育体系”的成果之一，也是国家“十一五”科技支撑计划项目课题“现代建筑设计与施工关键技术研究”的研究内容。

全书共分六章，主要内容包括绿色施工管理，施工过程中扬尘、噪声、光污染、水污染、建筑垃圾等的控制方法，施工过程中的节材与材料资源利用，节水及水资源利用、施工节能、节地措施等。

本书可以作为高校土木建筑工程相关专业的教材，也可以供建筑施工企业管理人员、工程技术人员参考。

* * *

责任编辑：姚荣华 张文胜

责任设计：赵明霞

责任校对：袁艳玲 陈晶晶

可持续建筑系列教材

张国强 尚守平 徐 峰 主编

土木建筑工程绿色施工技术

Green Construction Technology in Building and Civil Engineering

杜运兴 尚守平 李丛笑 等编著

*

中国建筑工业出版社出版、发行(北京西郊百万庄)

各地新华书店、建筑书店经销

北 京 天 成 排 版 公 司 制 版

北京凌奇印刷有限责任公司印刷

*

开本: 787×1092 毫米 1/16 印张: 8¾ 字数: 217 千字

2010 年 2 月第一版 2013 年 9 月第五次印刷

定价：**18.00** 元

ISBN 978-7-112-11633-1

(18881)

可持续建筑系列教材
指导与审查委员会

可持续建筑系列教材
编委会

可持续建筑系列教材
参加编审单位

Aalborg University
Bahrati Vidyapeeth University
Brunel University
Careige Mellon University
广东工业大学
广州大学
大连理工大学
上海交通大学
上海建筑科学研究院
长沙理工大学
中国社会科学院古代史研究所
中国建筑科学研究院
中国建筑西北设计研究院
中国建筑设计研究院
中国建筑股份有限公司
中国联合工程公司上海设计分院
天津大学
中南大学
中南林业科技大学
东华大学
东南大学
兰州大学
北京科技大学
华中科技大学
华中师范大学
华南理工大学
西北工业大学
西安工程大学
西安建筑科技大学
西南交通大学
同济大学
沈阳建筑大学
武汉大学
武汉工程大学
武汉科技学院
河南科技大学
哈尔滨工业大学
贵州大学
重庆大学
南华大学
香港大学
浙江理工大学
桂林电子科技大学
清华大学
湖南大学
湖南工业大学
湖南工程学院
湖南科技大学
湖南城市学院
湖南省电力设计研究院
湘潭大学

总　　序

我国城镇和农村建设持续增长，未来15年内城镇新建的建筑总面积将达到100～150亿m^2，为目前全国城镇已有建筑面积的65%～90%。建筑物消耗全社会大约30%～40%的能源和材料，同时对环境也产生很大的影响，这就要求我们必须选择更为有利的可持续发展模式。2004年开始，中央领导多次强调鼓励建设“节能省地型”住宅和公共建筑；建设部颁发了“关于发展节能省地型住宅和公共建筑的指导意见”；2005年，国家中长期科学与技术发展规划纲要目录（2006～2020年）中，“建筑节能与绿色建筑”“改善人居环境”作为优先主题列入了“城镇化与城市发展”重点领域。2007年，“节能减排”成为国家重要策略，建筑节能是其中的重要组成部分。

巨大的建设量，是土木建筑领域技术人员面临的施展才华的机遇，但也是对传统土木建筑学科专业的极大挑战。以节能、节材、节水和节地以及减少建筑对环境的影响为主要内容的建筑可持续性能，成为新时期必须与建筑空间功能同时实现的新目标。为了实现建筑的可持续性能，需要出台新的政策和标准，需要生产新的设备材料，需要改善设计建造技术，而从长远看，这些工作都依赖于第一步——可持续建筑理念和技术的教育，即以可持续建筑相关的教育内容充实完善现有土木建筑教育体系。

随着能源危机的加剧和生态环境的急剧恶化，发达国家越来越重视可持续建筑的教育。考虑到国家建设发展现状，我国比世界上任何其他国家都更加需要进行可持续建筑教育，需要建立可持续建筑教育体系。该项工作的第一步就是编写系统的可持续建筑教材。

为此，湖南大学课题组从我本人在2002年获得教育部“高等学校青年教师教学科研奖励计划项目”资助开始，就锲而不舍地从事该方面的工作。2004年，作为负责单位，联合丹麦Aalborg大学、英国Brunel大学、印度Bharati Vidyapeeth大学，成功申请了欧盟Asia-Link项目“跨学科的可持续建筑课程与教育体系”。项目最重要的成果之一就是出版一本中英文双语的“可持续建筑技术”教材，该项目为我国发展自己的可持续建筑教育体系提供了一个极好的契机。

按照项目要求，我们依次进行了社会需求调查、土木建筑教育体系现状分析、可持续建筑教育体系构建和教材编写、试验教学和完善、同行研讨和推广等步骤，于2007年底顺利完成项目，项目技术成果已经获得欧盟的高度评价。《可持续建筑技术》教材作为项目主要成果，经历了由薄到厚，又由厚到薄的发展过程，成为对我国和其他国家土木建筑领域学生进行可持续建筑基本知识教育的完整的教材。

对我国建筑教育现状调查发现，大部分土木建筑领域的专业技术人员和学生明白可持续建筑的基本概念和需求；通过调查10所高校的课程设置发现，在建筑学、城市规划、土木工程和建筑环境与设备工程4个专业中，与可持续建筑相关的本科生和研究生课程平均多达20余门，其中，除土木工程专业设置的相关课程较少外，其余三个专业正在大量增设该方面的课程。被调查人员大部分认为，缺乏系统的教材和先进的教学方法是目前可持续建筑教育发展的最大障碍。

基于调查和与众多合作院校师生们的交流分析，我们将课题组三年研究压缩成一本教材中的最新技术内容，重新进行整合，编写成为12本的可持续建筑系列教材。这些教材包括新的建筑设计模式、可持续规划方法、可持续施工方法、建筑能源环境模拟技术、室内环境与健康以及可持续的结构、材料和设备系统等，从构架上基本上能够满足土木建筑相关专业学科本科生和研究生对可持续建筑教育的需求。

本套教材是来自51所国内外大学和研究院所的100余位教授和研究生3年多时间集体劳动的结晶。感谢编写教材的师生们的努力工作，感谢审阅教材的专家教授付出的辛勤劳动，感谢欧盟、国家教育部、国家科技部、国家基金委、湖南省科技厅、湖南省建设厅、湖南省教育厅给予的相关教学科研项目资助，感谢中国建筑工业出版社领导和编辑们的大力支持，感谢对我们工作给予关心和支持的前辈、领导、同事和朋友们，特别感谢湖南大学领导刘克利教授、钟志华院士、章兢教授对项目工作的大力支持和指导，感谢中国建筑工业出版社沈元勤总编和张惠珍副总编，使得这套教材在我国建设事业发展的高峰时期得以适时出版！

由于工作量浩大，作者水平有限，敬请广大读者批评指正，并提出好的建议，以利再版时完善。

张国强

2008年6月于岳麓山

前　　言

土木建筑工程在传统的施工过程中通常更多注重工程的造价、进度及质量，很少考虑不同的施工方式对能源、资源的消耗程度以及对自然环境的影响程度。现阶段，随着我国土木工程的大规模建设，人们越来越意识到这种传统的施工给环境带来的问题。它不仅加剧我们所赖以生存的自然环境日益恶化，还导致了自然资源的迅速减少，甚至带来了某些资源接近枯竭。在这种情况下，对传统施工技术进行重新审视已经到了非常紧迫的时候。

绿色施工是将可持续发展思想应用于土木工程施工领域，即具有可持续发展思想的施工方法或技术。它随着可持续发展和环境保护的要求而产生的，并将整体预防的环境战略持续应用到建筑产品的制造过程。在做到质量优良、安全保障、施工文明等目标的同时，尽可能减少对环境的破坏及危害，以期达到降耗、增效和环保效果的最大化。但是，我们也必须看到现阶段绿色施工存在的问题：首先，从国内外的文献来看，绿色施工仍然处于探索阶段，在具体操作过程中仍然缺乏相应的数据支撑；其次，绿色施工也是相对的，随着技术的进步，一种施工方法现在看来是绿色的，将来可能就不是绿色的了，因此，绿色施工是逐渐发展的，而不是绝对的；第三，绿色施工往往很难兼顾各个方面，即对于各种资源的消耗以及对于环境的影响不可能都是最优的，对其选择需要统筹考虑。

本书在编写过程中引用了当今国内外最新的研究成果。同时，本书也是“十一五”国家科技支撑计划课题“现代建筑设计与施工关键技术研究”之子课题“绿色建筑设计与施工标准规范研究”（任务书标号：2006BAJ01B06）的研究内容，编写的过程中也得到了该课题组其他人员的大力支持。该书还得到了中国建筑科学研究院王有为顾问总工以及其他专家的指导。在此，对以上专家学者表示由衷的感谢！

本书是湖南大学及兄弟院校师生集体劳动成果，参加编写的人员包括：

第一章：蒋隆敏，肖芳林；

第二章：杜运兴，姚菲，宦慧玲，尚守平；

第三章：莫颖，宦慧玲，杜运兴，尚守平；

第四章：宦慧玲，杜运兴，莫颖，尚守平；

第五章：宋会莲，陈振富；

第六章：闵小莹。

全书由杜运兴、尚守平、李丛笑整理、统稿。由于作者水平有限，且该教材也是国内第一本关于绿色施工方面的教材。所以，该书在编写中存在的缺点和不足在所难免，请读者提出宝贵意见，以利再版时修改。

作者

2009 年 11 月

目　　录

第一章　绿色施工管理

绿色建筑(Green Building)是目前世界各国建筑界所面临的重要研究课题之一。近年来，我国也十分重视这一领域的研究工作。虽然不同国家的学者对绿色建筑的定义有所不同，但其含义都是包括在建筑的全寿命周期内，最大限度地节约资源、保护环境和减少污染，为人们提供健康、适用和高效的使用空间，与自然和谐共生。

建筑活动是人类作用于自然生态环境最重要的生产活动之一，也是消耗自然资源最大的生产活动之一。建筑物所占用的土地和空间，建筑材料的生产、加工、运输与建成后维持功能必需的资源，以及建筑在使用过程中产生的废弃物的处理和排放等都对生态环境产生极大影响。而建筑业又是国民经济的支柱产业，它所完成的产值在社会总产值中占有很大的比重，它所创造的价值也是国民收入的重要组成部分；它可带动建材、冶金、轻工、化工、机械、运输等许多相关部门的发展；它对于社会经济的发展具有举足轻重的作用。因此，我国未来建筑业，既要大力发展，以满足经济、社会发展的需要，又要注重环境保护、资源节约，推行可持续发展战略。在建筑业中推行可持续发展战略，体现在工程建设的全过程。我们通常重视建设项目投资决策、规划设计阶段的可持续技术的应用，包括如何选择利于可持续发展的场址；如何进行场地规划设计、建筑节能设计；如何利用可再生能源等。在建筑业中推行可持续发展战略，施工阶段应是高度重视的一个阶段。项目施工过程会对环境、资源造成严重的影响。在许多情况下，建造过程扰乱甚至清除了场地上现存的自然资源(野生植物和动物、天然排水系统以及其他自然特征)，代之以非自然的人造系统。建造和拆除所产生的废弃物占填埋废物总量的比重较大。在建造过程中散发出的灰尘、微粒和空气污染物等会造成健康问题。另外，尽管一些再生的、重复利用的、重新整修的材料足以满足使用要求，但现在的施工项目大多数仍需要使用新的原材料。而具有可持续发展思想的施工方法则能够显著减少甚至消除这些损害。

绿色施工是可持续发展思想在工程施工中的应用。具有可持续发展思想的施工方法或技术是顺应追求可持续发展和环境保护的要求而产生的，它将整体预防的环境战略持续应用到建筑产品的制造过程，在做到质量优良、安全保障、施工文明等的同时，尽可能减少对环境的风险，以期达到降耗、增效和环保效果的最大化。它不是独立于传统施工技术的全新技术，而是用“可持续”的眼光对传统施工技术的重新审视，是符合可持续发展战略的施工技术。可持续发展思想在工程施工中应用的重点在于将“绿色方式”作为一个整体，运用到工程施工中去，绿色施工是可持续发展思想在工程施工中应用的主要体现。

概括地说，绿色施工是指工程建设中，在保证质量、安全等基本要求的前提下，通过科学管理和技术进步，最大限度地节约资源与减少对环境负面影响的施工活动，实现“四节一环保”（节能、节地、节水、节材和环境保护）。绿色施工要求以资源的高效利用为核心，以环保优先为原则，追求高效、低耗、环保，统筹兼顾，实现经济、社会、生态综合效益最大化的施工模式。在工程项目的施工阶段推行绿色施工主要包括选择绿色施工方法、采取节约资源措施、预防与治理施工污染和回收与利用建筑废料四个方面内容。

要实现绿色施工，实施和保证绿色施工管理尤为重要。绿色施工管理主要包括组织管理、规划管理、实施管理、评价管理和人员安全与健康管理五个方面。以传统施工管理为基础，为了使项目实现绿色施工所要求的目标，在技术进步的同时，还应包含绿色施工思想的管理体系和方法。

第一节 组 织 管 理

建立绿色施工管理体系就是绿色施工管理的组织策划设计，能够制定系统、完整的管理制度和绿色施工的整体目标。在这一管理体系中有明确的责任分配制度，项目经理为绿色施工第一责任人，负责绿色施工的组织实施及目标实现，并指定绿色施工管理人员和监督人员。

一、管理体系

施工项目的绿色施工管理体系是建立在传统的项目组织结构基础上的，融入了绿色施工目标，并且能够制定相应责任和管理目标以保证绿色施工开展的管理体系。目前的工程项目管理体系依照项目的规模大小、建设特点以及各个项目自身特殊要求的不同，分为职能组织结构、线性组织结构、矩阵组织结构等。绿色施工思想的提出，不是要采用一种全新的组织结构形式，而是将其当作建设项目中的一个待实施的目标来实现。这个绿色施工目标与工程进度目标、成本目标以及质量目标一样，都是项目整体目标的一部分。

为了实现绿色施工这一目标，可建立如图1-1所示的具有绿色施工管理职能的项目组织结构。

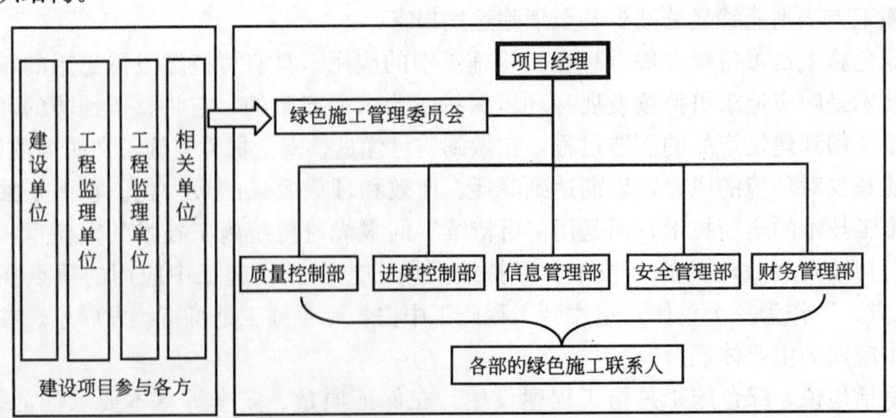

图1-1 绿色施工管理组织体系

具体措施有：

在项目部下设一个绿色施工管理委员会，作为总体协调项目建设过程中有关绿色施工事宜的机构。委员会中可以包含建设项目其他参与方人员，以便吸纳来自项目建设各个方面的绿色施工建议，并发布绿色施工的相关计划。

各个部门中任命相关绿色施工联系人，负责该部门所涉及的与绿色施工相关的任务的处理。在部门内部指导员工具体实施，对外履行和其他部门及绿色施工管理委员会的沟通。

以绿色施工管理委员会及各部门中，绿色施工联系人为节点，将位于各个部门的不同组织层次的人员都融入到绿色施工管理中。

二、责任分配

绿色施工管理体系中，应当建立完善的责任分配制度。项目经理为绿色施工第一负责人，由他将绿色施工相关责任划分到各个部门负责人，再由部门负责人将本部门责任划分到部门中的个人，保证绿色施工整体目标和责任分配。具体做法如下：

管理任务分工。在项目组织设计文件中应当包含绿色施工管理任务分工表(见表 1-1)，编制该表前应结合项目特点对项目实施各阶段的与绿色施工有关的质量控制、进度控制、信息管理、安全管理和组织协调管理任务进行分解。管理任务分工表应该能明确表示各项工作任务由哪个工作部门(个人)负责，由哪些工作部门(个人)参与，并在项目进行过程中不断对其进行调整。

主要绿色施工管理任务/职能分工表 表 1-1

部门 任务	项目经理部	质量控制部	进度控制部	信息管理部	安全管理部	……
绿色施工目标规划	决策与检查	参与	执行	参与	参与	
与绿色施工有关的信息收集与整理	决策与检查	参与	参与	执行	参与	
施工进度中的绿色施工检查	决策与检查	参与	执行	参与	参与	
绿色施工质量控制	决策与检查	执行	参与	参与	参与	
……						

管理职能分工。管理职能主要分为四个，即决策、执行、检查和参与。应当保证每项任务都有工作部门或个人负责决策、执行、检查以及参与。

针对由于绿色施工思想的实施而带来的技术上和管理上的新变化和新标准，应该对相关人员进行培训，使其能够胜任新的工作方式。

在责任分配和落实过程中，项目部高层和绿色施工管理委员会应该有专人负责协调和监控，同时可以邀请相关专家作为顾问，保证实施顺利。

三、项目内外交流方式

绿色施工管理体系还应当具有良好的内部和外部交流机制，使得来自项目外部的相关政策信息以及项目内部的绿色施工执行情况和遇到的问题等信息能够有效传递。交流过程中，各个部门提供和吸收有效信息，并由绿色施工管理委员会统一指导和协调。

第二节 规 划 管 理

一、编制绿色施工方案

绿色施工方案策划属于施工组织设计阶段的内容，分为总体施工方案策划以及独立成章的绿色施工方案策划，并按有关规定进行审批。

1. 总体施工方案策划

建设项目施工方案设计的优劣直接影响到工程实施的效果，要实现绿色施工的目标，就必须将绿色施工的思想体现到方案设计中去。同时根据建设项目的特点，在进行施工方案设计时，应该考虑到如下因素：

(1) 建设项目场地上若有需拆除的旧建筑物，设计时应考虑到对拆除材料的利用。对于可重复利用的材料(如屋架、支撑等大中型构件)，拆除时尽量保持其完整性，在满足结构安全和质量的前提下运用到新建设项目中去。对于不能重复使用的建筑垃圾(碎砖石、碎混凝土和钢筋等)，也应当尽量在现场进行消化，如利用碎砖石混凝土铺设现场临时道路等。实在不能在现场利用的建筑废料，应当联系好回收和清理部门。

(2) 主体结构的施工方案要结合先进的技术水平和环境效应来优选。对于同一施工过程有若干备选方案的情况，尽量选取环境污染小、资源消耗少的方案。分项施工应当积极采用目前不断涌现出的具有显著节能环保效果的施工技术，例如钢筋的直螺纹连接方式、新型模板形式等。

(3) 积极借鉴工业化的生产模式。把原本在现场进行的施工作业全部或者部分转移到工厂进行，现场只有简单的拼装，这是减小对周围环境干扰最有效的方法，同时也能节约大量材料和资源。建设项目可以根据自身的工程特点，采用不同程度的工业化方式，比如叠合楼板和叠合梁、一体化的外墙等。

(4) 吸收精益生产的概念，对施工过程和施工现场进行优化设计。精益思想倡导的是“无浪费，无返工”的管理理念，通过计划和控制来合理安排建设程序，达到节约建设材料的目的。这与绿色施工的可持续性是高度一致的，因此在设计施工过程中可以吸纳这样的精益思想，实现节材和节能的目的。

2. 绿色施工方案策划

除了建设项目整体的施工方案策划之外，施工组织设计中的绿色施工方案还应独立成章，由该章节将总体施工方案中与绿色施工有关的部分内容进行细化。其主要内容如下：

(1) 明确项目所要达到的绿色施工具体目标，并在设计文件中以具体的数值表示，比如材料的节约量、资源的节约量、施工现场噪声降低的分贝数等。

(2) 根据总体施工方案的设计，标示出施工各阶段的绿色施工控制要点。

(3) 列出能够反映绿色施工思想的现场专项管理手段。

二、绿色施工方案的内容

绿色施工方案具体应包括环境保护措施、节材措施、节水措施、节能措施、节地与施工用地保护5个方面的内容：

1. 环境保护

(1) 工程施工过程对环境的影响

工程施工过程通常会扰乱场地环境和影响当地文脉的继承和发扬，对生态系统及生活环境等都会造成不同程度的破坏，具体表现在以下各方面：

1) 对场地的破坏。场地平整、土方开挖、施工降水、永久及临时设施建造、原材料及场地废弃物的随意堆放等均会对场地上现存的动植物资源、地形地貌、地下水位等造成影响，还会对场地内现存的文物、地方特色资源等带来破坏，甚至导致水土流失、河道淤塞等现象。施工过程中的机械碾压、施工人员践踏等还会带来青苗损失和植被破坏等。

2) 噪声污染。建筑施工中的噪声是居民反应最强烈的问题。据统计，在环境噪声源中，建筑施工噪声占5%。根据不同的施工阶段，施工现场产生噪声的设备和活动包括：土石方施工阶段有挖掘机、装载机、推土机、运输车辆等；打桩阶段有打桩机、振捣棒、混凝土罐车等；结构施工阶段有地泵、汽车泵、混凝土罐车、振捣棒、支拆模板、搭拆钢管脚手架、模板修理、电锯、外用电梯等；装修及机电设备安装阶段有拆脚手架、石材切割、外用电梯、电锯等。这些噪声必定会对周围环境造成滋扰。施工阶段不同，《建筑施工场界噪声标准》(GB 12523—90)对噪声的限值也不同，如夜间施工除打桩阶段为禁止施工外，其他阶段为55dB(A)，白天打桩施工最高为55dB(A)，但打桩机施工的噪声瞬间值一般超过了90dB(A)，混凝土搅拌及浇捣时的噪声达到了80dB(A)。

3) 建筑施工扬尘污染。据测算，城市中心区平均每增加3～4m^2的施工量，建筑施工扬尘对全市TSP的平均贡献为1lg/m^3。扬尘源包括：泥浆干燥后形成的灰尘，拆迁、土方施工的扬尘，现场搅拌站、裸露场地、易散落和易飞扬的细颗粒散体材料的运输与存放形成的扬尘，建筑垃圾的存放、运输形成的扬尘等。这些扬尘和灰尘在大风和干燥的天气下都会对周围空气环境质量造成极不利的影响。

4) 泥浆污染。桩基施工特别是钻孔灌注桩施工以及地下连续墙和基坑开挖施工时都将引起大量的泥浆。泥浆会污染马路，堵塞城市排水管道，干燥后变成扬尘形成二次污染。

5) 有毒有害气体对空气的污染。从材料、产品、施工设备或施工过程中散发出来的挥发性有机化合物或微粒均会引起室内外空气品质问题。这些挥发性有机化合物或微粒会对现场工作人员、使用者以及公众的健康构成潜在的威胁和损害。这些威胁和损害有些是长期的，甚至是致命的。而且在建造过程中，这些空气污染物也可能在施工结束后继续留在建筑物内，甚至可能渗入到邻近的建筑物。

6) 建筑垃圾污染。工程施工过程中产生的大量建筑垃圾，如泥沙、旧木板、钢筋废料和废弃包装物料等，除了部分用于回填，大量未处理的垃圾露天堆放或简易填埋，占用了大量宝贵土地并污染环境。

因此，施工过程中减少场地干扰、尊重场地原有资源、维持地方文脉、减少环境污染、提高环境品质、保护生态平衡具有重要的现实意义和深远的历史意义。

(2) 环境保护措施

施工过程中具体要依靠施工现场管理技术和施工新技术才能达到保护施工环境的目标。

1) 施工现场管理技术的使用

① 管理部门和设计单位对承包商使用场地的要求，应制定减少场地干扰的场地使用计划。计划中应明确：场地内哪些区域将被保护、哪些植物将被保护；在场地平整、土方开挖、施工降水、永久及临时设施建造等过程中，怎样减少对工地及其周边的动植物资源、地形地貌、地下水位，以及现存文物、地方特色资源等带来的破坏；怎样在满足施工、设计和经济要求的前提下，尽量减少需要清理和扰动的区域面积和减少临时设施、施工用管线的使用；如何合理安排承包商、分包商及各工种对施工场地的使用并减少对材料和设备的搬动；明确各工种为了运送、安装和其他目的对场地通道的要求；如何处理和消除废弃物，如有废物回填或掩埋，应分析其对场地生态和环境的影响；将场地与公众隔离的措施和办法等。

② 对施工现场路面进行硬化处理和进行必要的绿化，并定期洒水、清扫，车辆不带泥土进出现场，可在大门口处设置碎石路和刷车沟；对水泥、白灰、珍珠岩等细颗粉状材料要设封闭式专库存放，在运输时注意遮盖以防止遗洒；对搅拌站进行封闭处理并设置除尘设施。

③ 经沉淀的现场施工污水(如搅拌站污水、水磨石污水)和经隔油池处理后的食堂污水可用于降尘、刷汽车轮胎，提高水资源利用率。

④ 应对建筑垃圾的产生、排放、收集、运输、利用、处置的全过程应进行统筹规划，如现场垃圾及渣土要分类存放，加强回收利用，防止建筑垃圾堆积在建筑物内，贮存好可能造成污染的材料等。具体应做到：尽可能防止和减少建筑垃圾的产生；对生产的垃圾尽可能通过回收和资源化利用；对垃圾的流向进行有效控制，严禁垃圾无序倾倒；尽可能采用成熟技术，防止二次污染，以实现建筑垃圾的减量化、资源化和无害化目标。

⑤ 现场油漆、油料氧气瓶、乙炔瓶、液化气瓶、外加剂、化学药品等危险、有毒有害物品要分隔设库存放。尽量使用低挥发性的材料或产品。应将有毒的工作安排在非工作时间进行，并与通风措施相结合，在进行有毒工作时以及工作完成以后，用室外新鲜空气对现场通风，安装局部临时排风或局部净化和过滤设备。制定有关室内外空气品质的施工管理计划。

⑥ 工地临厕、化粪池应采取防渗措施。在城市中心施工现场，可采用水冲式临厕。

⑦ 采用现代化的隔离防护设备(如对噪声大的车辆及设备可安装消声器消声，如阻尼消声器、穿微孔消声器等，对噪声大的作业面可设置隔声屏、隔声间，如对模板

整理小组设置隔声屏，对木工组设置木工房等)；采用低噪声、低振动的建筑机械(如低噪声的振捣器、风机、电动空压机、电锯等等)；定点粉碎石子、搅拌混凝土及砂浆；实施封闭式施工；将产生噪声的设备和活动远离人群；合理安排施工时间等。所有施工机械、车辆的定期保养和维修也是降低噪声的途径之一。

⑧ 承包商在选择施工方法、施工机械，安排施工顺序，布置施工场地时应结合气候特征，主要体现在：承包商应尽可能地合理安排施工顺序，使会受到不利气候影响的施工工序能够在不利气候来临前完成。安排好全场性排水、防洪，以减少对现场及周围环境的影响。施工场地布置结合气候天气以符合劳动保护、安全、防火的要求。产生有害气体和污染环境的加工场(如沥青熬制、石灰熟化等)及易燃的设施(如木工棚、易燃物品仓库等)应布置在下风向，且以不危害当地居民为原则。起重设施的布置应考虑风、雷电的影响。在冬季、雨季、风季、炎热夏季施工中，应针对工程特点，尤其是对混凝土工程、土方工程、深基础工程、水下工程和高空作业等，选择适合的季节性施工方法或措施至关重要。

⑨ 有爆破施工时采用定向控制爆破施工法。

2）施工新技术的采用

施工新技术的推广应用不仅能够产生较好的经济效益，而且往往能够减少施工过程对环境的污染，创造较好的社会效益和环保效益。目前能够推广应用的施工新技术主要有：

① 逆作法施工高层深基坑：在地下一层的顶板结构浇筑完成后，其下部的施工就可以在密闭的地下完成，可以减少因开敞式深基坑施工带来的一系列噪声、粉尘等环境影响。

② 在桩基础工程中改锤击法施工为静压法施工，推行混凝土灌注桩等低噪声施工方法。

③ 采用高性能混凝土技术：可以减少混凝土浇筑量，并且因其不受施工影响、无须振捣而自动填实的高流态特性，从而避免了振捣时产生的噪声。

④ 选用大模板、滑模等新型模板：可以避免组合钢模板安装、拆除过程中产生的噪声。最近几年许多应用大模板的工程，在拆模后其光滑的表面直接刮腻子，从而省去抹灰这一道工序，既可以缩短工期，提高经济效益，又可以节约原材料，减少对资源的消耗。

⑤ 采用钢筋的机械连接技术：如冷挤压连接、锥螺纹连接以及直螺纹连接技术，避免焊接产生的光污染。

⑥ 采用新型防水卷材施工技术：主要有热施工工艺、冷施工工艺和机械固定工艺，采用热施工工艺中的热熔法、热风焊接法，可以减少旧工艺熬制沥青过程中产生的有毒气体，采用冷施工工艺和机械固定工艺则可以根本避免。

⑦ 采用新型建筑材料：如塑料金属复合管，抗腐蚀能力较强，同时又减少了水质受污染；乳胶漆装饰材料，具有防霉、抑制霉菌的作用。

⑧ 采用新型墙体安装技术：改变传统的砖墙结构、现场施工的方法，不仅在材料上可以取代浪费土地资源的黏土砖，在施工中可以减少施工用水以及搅拌机、吊车等

机械的工作量。

⑨ 采用透水性和排水性路面施工技术：达到雨天交通安全，减少噪声的目的，并能将雨水导入地下，调节土壤湿度，利于植物生长。

2. 绿色建材的使用和节材措施

(1) 绿色建材的使用

绿色建材的含义是指采用清洁的生产技术，少用天然资源，大量使用工业或城市固体废弃物和农植物秸秆，生产无毒、无污染、无放射性，有利于环保与人体健康的建筑材料。绿色建筑材料的基本特征是：

1) 建筑材料生产尽量少用天然资源，大量使用尾矿、废渣、垃圾等废弃物。

2) 采用低能耗、无污染的生产技术。

3) 在生产中不得使用甲醛、芳香族、碳氢化合物等，不得使用铅、氟、铬及其化合物制成的颜料、添加剂和制品。

4) 产品不仅不损害人体健康，而且有益于人体健康。

5) 产品具有多功能，如抗菌、灭菌、除霉、除臭、隔热、保温、防火、调温、消磁、防射线和抗静电等功能。

6) 产品循环和回收利用，废弃物无污染以防止二次污染。目前国内外出现了各种各样的节能环保材料，国外出现了生态混凝土，有利于减少建筑自重的轻砂，新型环保隔热材料，用废纸原料制造新型建筑材料的技术，用这项技术处理盖房用的废纸，不需要制成纸浆，所以无废液，不污染环境，只要把废纸粉碎，加入高分子树脂和玻璃纤维，然后将其压制成不同大小、厚薄和规格的板材。水泥生产企业在我国是属于高能耗、高污染的企业，是环保治理的重点，发展绿色建筑材料，水泥应从综合治理寻找出路。如提高水泥强度等级，生产多功能水泥，以废渣经过加工代替部分水泥，从而降低水泥产量。生产中改进工艺、降能耗、减少排污和排入大气的 CO_2，尽量达到环境容许程度。

使用绿色建材就要求施工单位按照国家、行业或地方对绿色建材的法律、法规及评价方法来选择建筑材料，以确保建筑材料的质量。即选用蕴能低、高性能、高耐久性的建材；选用可降解、对环境污染少的建材；选用可循环、可回用和可再生的建材；使用采用废弃物生产的建材；就地取材，充分利用本地资源进行施工，以减少运输的能源消耗和对环境造成的影响。

(2) 节材措施

1) 节约资源。合理使用建设用地范围内的原有建筑，使之用于建设施工临时用房；将拆下的可回用材料如钢材、木材等进行分类处理、回收与再利用；临时设施充分利用旧料；选用装配方便、可循环利用的材料；采用工厂定型生产的成品，减少现场加工量与废料；减少建筑垃圾，充分利用废弃物。

2) 减少材料的损耗。通过更仔细的采购，合理的现场保管，减少材料的搬运次数，减少包装，完善操作工艺，增加摊销材料的周转次数等降低材料在使用中的消耗，提高材料的使用效率。

3) 可回收资源的利用。可回收资源的利用是节约资源的主要手段，也是当前应加强的方向。主要体现在两个方面，一是使用可再生的或含有可再生成分的产品和材料，这有助于将可回收部分从废弃物中分离出来，同时减少了原始材料的使用，即减少了自然资源的消耗；二是加大资源和材料的回收利用、循环利用，如在施工现场建立废物回收系统，再回收或重复利用在拆除时得到的材料，这可减少施工中材料的消耗量或通过销售来增加企业的收入，也可降低企业运输或填埋垃圾的费用。

4) 建筑垃圾的减量化。要实现绿色施工，建筑垃圾的减量化是关键因素之一。目前建筑垃圾的数量很大，仅北京每年的建筑垃圾排放量超过了 2000 万 t。建筑垃圾的堆放或填埋均占用大量的土地，对环境产生很大的影响，包括建筑垃圾的淋滤液渗入土层和含水层，污染土壤环境及地下水。有机物质发生分解产生有害气体，污染空气；同时忽视对建筑垃圾的再利用，会浪费大量的资源。我们的目的是要实现建筑垃圾减量化，建筑垃圾的重复利用，首先应该对施工现场产出的建筑垃圾情况进行调查，包括种类、数量、产生原因、可再利用程度等，为减量化和再利用提供基础资料。

建筑垃圾的再利用是指建筑垃圾作为一种特殊材料的直接使用。在此之前，应该研究这种特殊材料的物理化学性质，保证使用这种材料的建筑部件满足强度、耐久性和环境的要求。建筑垃圾的再利用已经有了一些实例，如利用建筑垃圾加固地基。此外，建筑垃圾在土木工程中也有广阔的应用前景。为此，可在以下方面进行有效的工作：根据工程的标准，确定可利用的建筑垃圾的物质组成，进行相应建筑垃圾的力学、沥滤特性试验和与其他材料(如粉煤灰)的混合比试验，利用有效数据进行经济和技术可行性研究，用满足条件的混合物进行设计，估计所需要的材料量和建立施工程序等，这一工作需要各方面的配合。循环利用是指改变了建筑垃圾的性状，作为一种新材料在工程中的使用。这是一个广阔的课题，废弃的木材、金属、塑料、纸板等均可以作为资源加工利用。对于砂石等固体废弃物，也可以加工成各种墙体材料等。只有解决了建筑垃圾的下游出口问题，才能减少建筑垃圾的填埋或堆放，为绿色施工创造条件。

5) 临时设施充分利用旧料和现场拆迁回收材料，使用装配方便、可循环利用的材料；周转材料、循环使用材料和机具应耐用且维护与拆卸方便、易于回收和再利用；采用工业化的成品，减少现场作业与废料；减少建筑垃圾，充分利用废弃物。

3. 节水措施

据调查，建筑施工用水的消耗约占整个建筑成本的 0.2%，因此在施工过程对水资源进行管理有助于减少浪费，提高效益，节约开支。所以，根据工程所在地的水资源状况，现场可不同程度的采取以下措施：

(1) 通过监测水资源的使用，安装小流量的设备和器具，减少施工期间的用水量。

(2) 采用节水型器具，摒弃浪费用水陋习，降低用水量。

(3) 有效利用基础施工阶段的地下水。

(4) 在可能的场所通过利用雨水来减少施工期间的用水量。

(5) 在许可情况下，设置废水重复、回用系统。

此外，临时设施中还可采取如下节水措施：

施工用水。施工车辆进出场清洗用水采用高压水设备进行冲洗，冲洗用水均采用施工循环废水。混凝土浇筑前模板冲洗用水和混凝土养护用水，均利用抽水泵将地下室基坑内深井降水的地下水抽上来进行冲洗、养护。上部施工时在适当部位增设集水井，做好雨水的收集工作，用于上部结构的冲洗、养护。

生活用水。所有厕所水箱均采用手动节水型产品。冲洗厕所采用废水。所有水龙头采用延迟性节水龙头。浴室间内均采用节水型淋浴。厕所、浴室、水池安排专人管理，做到人走水关，严格控制用水量。浴室热水实行定时供水，做到节约用电、用水。

4. 节能措施

在我国经济取得了高速发展的今天，常常忽略了建设不影响同代和后代人需求的可持续性原则，其中违背可持续性发展的建设项目就不少见。分析研究表明，大约有一半的温室气体来自于建筑材料的生产和运输、建筑物的建造以及运行过程中的能源消耗。建设活动还加剧了其他问题，如酸雨增加、臭氧层破坏等。根据欧洲的有关数据，建设活动引起的环境负担占总环境负担的15%～45%。在英国，制造和运输建筑材料所消耗的能源占全国总能耗的10%，而仅建筑照明就占总能耗的20%～40%。整个欧洲所消耗的能源大约有1/2用于建筑的运行，另外25%用于交通。这些能源大部分来源于日益减少的不可再生的原油，而且这样的能源消耗模式已不太可能持续很多代。

可采取的节能措施：

(1) 通过改善能源使用结构，有效控制施工过程中的能耗；根据具体情况合理组织施工，积极推广节能新技术、新工艺；制定合理施工能耗指标，提高施工能源利用率；确保施工设备满负荷运转，减少无用功，禁止不合格临时设施用电。

(2) 工艺和设备选型时，优先采用技术成熟且能源消耗低的工艺设备。对设备进行定期维护、保养，保证设备运转正常，降低能源消耗，不要因设备的不正常运转造成能源浪费。在施工机械及工地办公室的电器等闲置时关掉电源。

(3) 合理安排施工工序，根据施工总进度计划，在施工进度允许的前提下，尽可能少夜间施工。地下室照明均使用节能灯。所有电焊机均配备空载短路装置，以降低功耗。夜间施工完成后，关闭现场施工区域内大部分照明，仅留四周道路照明供夜间巡视。

(4) 宿舍内所有日光灯均采用节能灯，节能灯配置率100%，可实行生活区夜间10时以后关灯、12时以后切断供电等措施，由生活区门卫负责关闭电源，在宿舍和生活区入口挂牌告知。白天办公室尽可能使用自然光照明，办公室内所有管理人员养成随手关灯的习惯。下班时关闭办公室内所有用电设备。冬季、夏季减少使用空调时间，夏季超过32℃时方可使用空调，空调制冷温度不小于26℃，空调制热温度不大于20℃。生活区为了禁止使用大功率电热器具，可安装专用电流限流器，禁止使用电炉、电饮具、热得快等电热器具，电流超过允许范围的应立即断电，并且定期由办公室对宿舍进行检查。

5. 节地与施工用地保护措施

世界只有一个地球，我们只有这片土地，继联合国将4月22日定为世界“地球日”，我国把每年6月25日定为全国“土地日”已有几个年头，“十分珍惜与合理利用每一寸土地，切实保护耕地”已成为我国的一项基本国策，土地问题越来越引起世人的关注，而我国土地资源紧缺的压力尤为突出。为了人类的命运，为了可持续发展，各行各业都在探索节约用地、合理用地的途径与方法，在这种形势下，工程建设施工过程中，节地与采取施工用地保护措施已势在必行。

(1) 合理布设临时道路。临时工程主要包括临时道路、临时建筑物与便桥等，临时道路按使用性质，分干线和引入线两类。贯通全线或区段的为干线，由干线或既有公路通往重点工程或临时辅助设施的为引入线。为工程施工需要而修建的临时道路，应根据运量、距离、工期、地形、当地材料以及使用的车辆类型等情况来决定，以达到能及时有效地供应施工人员生活资料和全线工程所需机具材料等为目的，同时充分考虑节约用地尤其是保护耕地这个不容忽视的因素。为此，在施工调查中要着重研究城乡交通运输情况，充分利用既有道路和水运的运输能力，进而核对设计部门提出的有关临时道路资料，落实其必须经过的控制点和道路类型与标准。结合施工认真贯彻节约用地与保护耕地的方针，合理布置与修筑临时道路。为此，临时道路选线时应考虑下列几点：

1) 道路力求平顺短捷，工程简易，造价低廉，能够迅速修成使用。

2) 若有城乡道路略经改善即能满足要求时，应尽量利用。

3) 充分利用有利地形，在不受地形、地物限制的情况下，线路应尽可能顺直通过，既节省占有地，又缩短运程。

4) 道路应尽量避免穿过优良耕地、果园，避免拆迁房屋、坟地，并注意保护农田水利，保护原有排灌系统，应尽可能避免穿过地质不良地带和行车危险地带。

5) 尽量避免与铁路线交叉，以减少施工对行车的干扰。

(2) 合理布置临时房屋

施工用临时房屋主要包括办公、居住、厂、库、文化福利等各种生产和生活房屋。这些临时房屋的特点是施工时间要求快，使用时间短，工程结束后即行拆除。因此，除应尽量利用附近已有房屋和提前修建正式房屋外，还须尽量使用帐篷和拆装式房屋，既省工省料降低造价，又利于将来土地复垦。当临时房屋可以移交当地管理部门或地方使用时，则可适当提高标准，并在建筑和结构形式上，尽可能考虑使用的要求。

布置临时房屋时，应考虑避免占用农田，保护农田排灌设施，按房屋的不同使用条件和防火卫生等要求充分利用地形，做好合理的布置，力求节省占有地。

(3) 合理设计取弃土方案

填基取土、挖坑弃土以及其他取弃土工程是建筑工程施工过程中最基本的工作之一。取土、弃土都占有土地，如何取弃土，从哪儿取土，往哪儿弃土，处理好了既可以节省工程量，又可以少占耕地，通过采取以下方案，可达到节地与保护用地目标。

1) 集中取弃土。当填方数量较大时，宜设置取土场集中取土，买土不征地。同样，可选择低凹荒地、废弃的坑塘等处集中弃土。争取弃土不征地。

2) 合理调配取弃土。在建筑工程施工时，土石方工程占较大比重，所需劳动力和机具较多，合理地对区间和站场的土石方进行综合调配，在经济运距内，尽量移挖作填，减少施工土方，这是减少用地的有效措施。

3) 挖丘取土，平地造田。如通过取土整平后，可使原有梯田变成水浇地；从附近荒丘上取土平整后，可给当地农村造地造田；从坡地、旱地取土，可使坡地变成阶地、平地或水浇田；从荒山包上取土，平整后可改造出好耕地。另外，视当地实际情况，取土坑可考虑作为鱼塘来发展渔业。

4) 弃土填沟造地与弃渣填基综合利用。尽可能把弃土放在沟壑和荒地上；把小块变成大片；使原来的荒地变成可耕地。

5) 在施工结束后，对于临时用地的及时复垦方面应及时恢复耕种条件，退还农民耕种；为配合农业水利建设，把有些地段的高填路堤的修筑标准适当提高些，达到水坝的质量要求后可以扩大农用灌溉面积。

(4) 在设施的布置中要节约并合理使用土地。在施工中加大禁止使用黏土红砖的执法力度，逐步淘汰使用多孔红砖；充分利用地上地下空间，如多高层建筑、地铁、地下公路等。

(5) 施工组织中，科学地进行施工总平面设计，其目的是对施工场地进行科学规划以合理利用空间。在施工总平面图上，临时设施、材料堆场、物资仓库、大型机械、物件堆场、消防设施、道路及进出口、加工场地、水电管线、周转使用场地都应合理，以达到节约用地、方便施工的目的。

第三节 实 施 管 理

施工方案确定之后，进入到项目的实施管理阶段，其实质是对实施过程进行控制，以达到设计所要求的绿色施工目标。

绿色施工应对整个施工过程实施动态管理，加强对施工策划、施工准备、现场施工、工程验收等各阶段的管理和监督。

一、施工过程的动态管理

1. 整体目标控制

建设项目进行过程中时刻都有变更发生，对绿色施工目标的完成产生干扰。为了保证绿色施工目标的实现，应对整个施工过程实施目标控制。具体步骤如下：

(1) 将绿色施工的“四节一环保”整体目标进行分解，将其贯穿到施工策划、施工准备、材料采购、现场施工、工程验收等各阶段的管理和监督之中。可以将项目按照施工内容的不同分为几个阶段，根据以往的项目经验以及绿色施工目标为相关数据规定限值，作为实际操作中的目标值。

(2) 项目实施过程中的绿色施工目标控制采用动态控制的原理。绿色施工目标从粗到细可以分为不同的层次，包括绿色施工方案设计、绿色施工技术设计、绿色施工控制要点以及现场施工过程等(见图 1-2)。

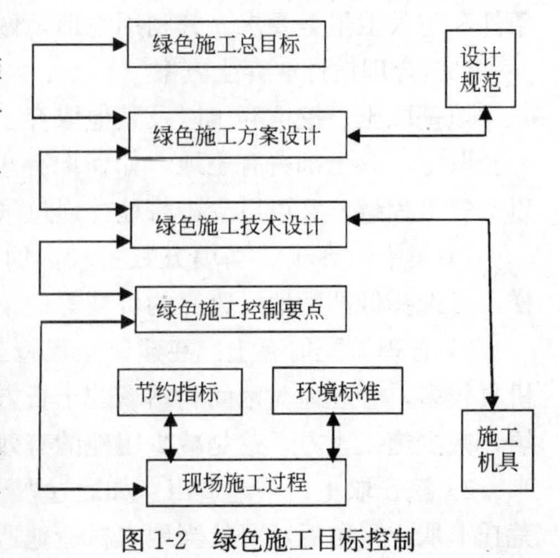

图 1-2 绿色施工目标控制

(3) 动态控制的具体方法是在施工过程中对项目目标进行跟踪和控制。收集各个绿色施工控制要点的实测数据，定期将实测数据与目标值进行比较。当发现实施过程中的实际情况与计划目标发生偏离时，应分析偏离的原因，确定纠正措施，采取纠正行动。在工程建设项目实施中如此循环，直至目标实现为止。项目目标控制的纠偏措施主要有组织措施、管理措施、经济措施和技术措施等。

(4) 整体目标控制可以用信息化技术作为协助实施手段。目前建设项目的信息化应用越来越普遍，已开发出进度管理、质量控制、材料消耗、成本管理等信息化模块。在项目的信息化平台上开发绿色施工管理模块，对项目绿色施工实施情况进行监督、控制和评价等工作起到了积极的辅助作用。

2. 施工准备

施工准备是为保证绿色施工生产正常进行而必须事先做好的工作。施工准备工作不仅在工程开工前要做好，而且要贯穿于整个绿色施工过程。施工准备的基本任务就是为绿色施工项目建立一切必要的施工条件，确保绿色施工生产顺利进行，确保工程质量符合要求和保证绿色施工目标的实现。

施工准备通常包括：技术准备，施工现场准备，物资、机具及劳动力准备以及季节施工准备，此外也有思想工作方面的准备等。

(1) 技术准备

1) 收集技术资料，即调查研究。收集包括施工场地、地形、地质、水文、气象及现场和附近房屋、交通运输、供水、供电、通信、网络、现场障碍物状况等资料；了解地方资源、材料供应和运输条件等资料，为制定绿色施工方案提供依据。

2) 熟悉和审查图纸。包括学习图纸、了解设计图纸意图，出图时间，掌握设计内容及技术条件；了解设计各项要求，审查建筑物与地下构筑物、管线等之间的关系；踏勘现场，了解总平面与周围的关系；会审图纸，核对土建与安装图纸相互之间有无尺寸错误和矛盾，明确各专业间的配合关系。

3) 编制施工组织设计或施工方案。这是做好绿色施工准备的中心环节，编制施工组织设计和施工方案。

4) 编制施工预算。按照绿色施工的工程量，绿色施工组织设计拟定的施工方法，建筑工程预算定额和有关费用规定，编制详细的施工预算作为备料、供料、编制各项计划的依据。

5) 做好现场控制网测量。设置场区内永久性控制坐标桩和水平基桩，建立工程控制网，作为工程轴线、标高控制依据。

6) 规划技术组织。配齐工程项目施工所需各项专业技术人员、管理人员和技术工人；对特殊工种制定培训计划，制定各项岗位责任制和技术、质量、安全、管理网络和质量检验制度；对采用的新结构、新材料、新技术，组织力量进行研制和试验。

7) 进行技术交底。向所有参与施工的人员层层进行全面细致的技术交底，使之熟悉了解施工内容。

(2) 现场准备

1) 施工场地。按设计总平面确定的范围和粗平标高进行整平；清理不适合于作地基的土壤，拆除或搬迁工程和施工范围内的障碍物。

2）修筑临时道路。主干线宜结合永久性道路布置修筑。施工期间只修筑路基和垫层，铺简易泥结碎石面层；道路布置要考虑一线多用，使用循环回转余地。

3）设防洪排水沟。现场周围修好临时或永久性防洪沟：山坡地段上部设防洪沟或截水沟，临时运输道路两侧应设排水沟；宜尽可能利用工程永久性排水管网为施工服务，现场内外原有自然排水系统应予疏通。

4）修好现场临时供水、供电以及现场通信线路。有条件时应尽可能先修建正式工程线路，为施工服务，节省施工费用。

5）修筑临时设施工程。分大型临时设施和小型临时设施两类。大型临时设施包括：职工单身宿舍、食堂、厨房、浴室、医务室、工地办公室、仓库等；小型临时设施包括：队组工具库、维修棚、洪炉棚、休息棚、茶炉棚、厕所以及小型机具棚等。修筑面积应按照有关修建指标定额进行控制，修建位置应严格遵照施工平面图布置的要求搭设，做到使用方便，不占工程位置，不占或少占农田，尽量靠近交通线路，尽量利用现场或附近原有建筑和拟建的正式工程和设施，临时设施设置尽可能做到经济实用，结构简易，因地制宜，利用旧料和地方材料，使用标准化装配式结构，使之可拆迁重复使用。同时遵循各项安全技术规定。

物资准备主要是根据施工预算、材料需用量计划进行货源落实，办理订购或直接组织生产，按供应计划落实运输条件和工具，分期分批合理组织物资运输、进场，按规定地点方式储存或堆放；合理采购材料，综合利用资源，尽可能就地取材，利用当地或附近地方材料，减少运输，节省费用；合理和适当集中设置仓库和布置材料堆放位置，以方便使用和管理；组织进场材料的核对、检查、验收(规格、质量、数量)，对特殊材料应按规定复验，无合格证的材料，经材质鉴定合格方可使用。

施工机具准备系根据施工组织设计要求，分期分批组织施工机械和工具(如土石方机械、吊装机械、提升机械、提升卷扬机、混凝土搅拌设备、木材和钢筋加工设备，以及摸板、脚手架、安全网等)进场，按进度要求合理使用，充分发挥效率；本单位缺少的机具，应与有关单位签订租赁合同或订购合同，按期供货；进场机械设备应配套，按总平面布置图要求入库或就位(架设)，并进行维护、检查和试运转，保持完好状态；对操作及维修人员进行必要的技术培训；对工人操作需用的工具亦应有所储备。

劳动力准备包括建立现场指挥机构，组建精悍的队组，配齐工种，集结施工力量，组织劳动力进场，进行专业技术培训，对外委工程项目或特殊工程，做好分包或劳务合同。

对于冬、雨期施工，需要编制施工技术措施，准备保温、防护施工材料，做好现场防洪排水设施，组织培训，做好安全防护、检查等。

一般来讲，绿色施工准备的内容是很广泛和丰富的，其中最重要的是技术准备、现场准备和物资准备。施工准备工作贵在细致，避免遗漏，同时又切实可行。要排好施工准备计划，加强检查，逐项落实。有时根据工程进展情况，亦可采用分期分批准备，但必须是在每项工程开始施工之前。规划施工准备，要做好调查研究，除熟悉勘察设计资料外，还应到现场实地调查，协调甲、乙、丙三方关系，共同作好施工准备。

由于施工复杂和情况多变，往往施工准备工作较难以做到尽善尽美和一次完成。要随工程施工的进展不断完善调整，施工准备应贯彻于整个工程建设的全过程，以保证施工顺利达到优质等级标准。

3. 施工现场管理

建设项目对环境的污染以及对自然资源能源的耗费主要发生在施工现场，因此施工现场管理是能否实现整体绿色施工目标控制的关键。施工企业现场绿色施工管理的好坏，决定了绿色施工思想执行的程度。

(1) 绿色施工现场管理的内容

1) 合理规划施工用地。首先要保证场内占地合理使用。当场内空间不充分，应会同建设单位、规划部门和公安交通部门申请，经批准后才能使用场外临时用地。

2) 施工组织中，科学地进行施工总平面设计。施工组织设计是施工项目现场管理的重要内容和依据，特别是施工总平面设计，其目的主要是对施工场地进行科学规划以合理利用空间。在施工总平面图上，临时设施、材料堆场、物资仓库、大型机械、物件堆场、消防设施、道路及进出口、加工场地、水电管线、周转使用场地都应合理，从而呈现出现场文明，有利于安全和环境保护，有利于节约，便于施工。

3) 根据施工进展的具体需要，按阶段调整施工现场的平面布置，不同的施工阶段与施工的需要不同，现场的平面布置亦应进行调整。一般情况下，施工内容发生变化，对施工现场也提出新的要求。所以，施工现场不是固定不变的空间组合，而应对其进行动态的管理和控制。但应遵守不浪费的原则。

4) 加强对施工现场使用的检查。现场管理人员应经常检查现场布置是否按平面布置进行，是否符合有关规定，是否满足施工需要，从而更合理地搞好施工现场布置。

5) 建立文明的施工现场。建立文明施工现场，可使施工现场和临时占地范围内秩序井然，文明安全，环境得到保护，绿地树木不被破坏，交通方便，文物得以保存，居民不受干扰。有利于提高工程质量和工作质量，提高企业信誉。

6) 及时清场转移。施工结束后，应及时清场，将临时设施拆除，以便整治规划场地，恢复临时占用土地。

(2) 绿色施工现场管理的要求

1) 基本要求

① 现场门头应设置企业标志。

② 项目经理部应在现场入口的醒目位置，公示以下标牌：工程概况牌(工程规模、性质、用途、发包人、设计人、承包人、监理单位的名称和施工起止年月等)，安全纪律牌、防火须知牌、安全无重大事故牌、安全生产、文明施工牌、施工总平面图、施工项目经理组织框架及主要管理人员名单图。

③ 项目经理应把施工现场管理列入经常性的巡视检查内容，并与日常管理有机结合，及时抓好整改。

2) 对现场的规范性要求

① 施工现场场容规范化应建立在施工平面图设计的科学合理化和物料器具定位管

理标准化的基础上。

② 项目经理部必须结合施工条件，按照施工技术方案和施工进度计划的要求，认真进行施工平面图的规划、设计、布置、使用和管理。

③ 按照已审批的施工总平面图或相关的单位工程平面图划定的位置，布置施工项目的主要机械设备、材料堆场及仓库，现场办公、生活临时设施等。

④ 施工物料器具除应按施工平面图指定位置就位布置外，还应根据不同特点和性质，规范布置方式和要求，进行规格分类，限宽限高挂牌标识等。

⑤ 在施工现场周边应设置临时围护设施。

⑥ 施工现场应设置畅通的排水沟，场地不积水，不积泥浆。

(3) 施工现场环境保护

1) 施工现场泥浆、污水不经处理，不得直接排入城市排水设施、湖泊、河流、池塘。

2) 禁止将有毒有害废弃物作土方回填。

3) 生活垃圾、渣土应指定地点堆放。为防止施工现场尘土飞扬，污染环境，应合理适当地用洒水车喷洒路面。

4) 在施工现场进行爆破、打桩等施工作业前，项目经理部应将影响范围、程度及有关措施向附近居民通报说明，取得协作与配合，减少事故发生。

5) 施工时若发现文物、古迹、爆炸物、电缆等，应停止施工，报告有关单位，待采取相关措施后方可施工。

(4) 施工现场的防火、防震与安保

1) 应做好施工现场保卫工作，采取必要的防盗措施，如：设立门卫。

2) 现场必须安排消防车出入口和消防道路，设置性能完好的消防设施。

3) 施工中需要进行爆破作业的，必须经上级主管部门审查批准，并持说明爆破器材的地点、数量、用途、四邻距离的文件和安全操作规程，向所在地的县、市公安局领取“爆破物品使用许可证”，由具备爆破资格的专业人员按有关规定进行施工。

4) 发现有地震灾情，应迅速组织人员撤离，确保人身安全。

4. 工程验收管理

每个环节的控制效果成功与否，应当通过一系列的检查验收工作来鉴定。工程验收即是对“绿色施工”的鉴定。健全完善现场材料进场验收制度，特别是对商品混凝土、钢筋等大众材料要落实专人进行验收，确保材料质量合格，避免不必要的损失。

(1) 对进场材料的验收，不仅仅从数量和价格方面进行验收，更主要的是对先期封存的相关资料、样品及各项技术参数(尤其是在满足力学性能要求的前提下对涉及环保因素的指标)的验收和检查。

(2) 对各工艺过程中涉及环保指标的检查和验收。

(3) 对完工工程的整体验收。施工项目竣工验收指承包人按施工合同完成了项目全部任务，经检验合格，由发包人组织验收的过程。施工项目竣工验收依据包括：设计文件、施工合同、设备技术说明书、设计变更通知书、工程质量验收标准等。竣工验收要求包括：

1）达到合同约定的工程质量验收标准。单位工程达到竣工验收的合格标准。单位工程满足生产要求或使用要求。建设项目满足投入使用或生产的各项要求。

2）竣工验收组织要求是：由发包人负责组织验收；勘察、设计、施工、监理、建设主管部门、备案部门的代表参加；验收组织的职责是听取各单位的情况报告，审查竣工资料，对工程质量进行评估、鉴定，形成工程竣工验收会议纪要，签署工程竣工验收报告，对遗漏问题做出处理决定。

3）竣工验收报告应包括下列内容：工程概况、竣工验收组织形式、质量验收情况、竣工验收程序、竣工验收意见、签名盖章确认。

二、营造绿色施工的氛围

近年来，随着我国经济的快速发展，城市化进程的不断加快，使得作为国民经济支柱产业的建筑业，也随之面临一个不可多得的发展良机。然而在生态文明建设的问题上，一些建筑施工企业认为，他们的主要工作是“建高楼、造大路、筑桥梁、钻石洞”，生态文明建设与其关系不大。错误认识换来的教训是深刻的。因此，每个从事建筑业的员工，应把节约资源和保护环境放到一个十分重要的位置上。在企业发展的实践中，应综合运用多种方法，努力搞好绿色建筑施工，其中，结合工程项目的特点，有针对性地对绿色施工作相应的宣传，通过宣传营造绿色施工的氛围就是一个重要方面。

1. 重视宣传教育

在宣传教育上，企业应“三管齐下”，让生态文明建设的理念深入人心。一是从执行基本国策的高度加强宣传教育。节约资源和保护环境是生态文明建设的核心内容。节能减排作为一项基本国策，已经成为当前我国经济社会发展中的一项重要而紧迫的任务，国家及有关部门对此相当重视。二是从履行权利和义务的角度加强宣传教育。节能减排与我们每个公民的生产、生活息息相关，参与节能减排是每个公民应尽的责任和义务。每个公民既是生态环境建设的直接受益者，也应该是生态环境建设的直接参与者。三是从员工的行为习惯方面加强宣传教育。教育员工“从自己做起，从小事做起”，在日常生活、生产和工作中，在每一个细节上努力节约，减少污染物的排放量。

2. 建立相关制度，引导、督促员工重视节约社会资源

相关制度包括以下内容：

合理节约建材。在保证工程质量的前提下，尽可能地从点滴做起，节约钢材、木材、水泥、黄砂、石子等建筑材料，降低施工成本。比如，在钢材的使用上，合理增加长钢筋的用量，减少钢筋的接头个数；利用短钢筋制作楼板筋马凳等。

培养良好习惯。通过大会宣讲、定期检查和个别帮助等形式，引导员工在施工之外的日常生活中，自觉增强节能减排的意识。

减少环境污染。在建筑施工过程中，会对生态环境带来一定的污染。企业应要求各项目部在工程施工时，尽可能地将环境污染降到最低。

坚持文明施工。文明施工内涵十分丰富。以施工现场的冲洗石子为例，污水应进入当地的排污系统，而不要流入公路或人行道上，在工地上用好污水沉淀池，可以减少环境污染。

尽量使用绿色建材。要多使用无毒或低毒的健康型建材、防火或阻燃的安全型建材以及各类新型多功能建材。房屋装饰阶段往往容易造成大量的环境污染，因此应特别强调把绿色建材作为房屋装饰的“主打产品”。近年来，建筑市场的绿色建材不断面世，尽管不少绿色建材比传统材料的价格上涨幅度大，但应立足于为子孙后代，积极推广应用绿色建材。

我国尚处于经济快速发展阶段，作为大量消耗资源、影响环境的建筑业，应全面实施绿色施工，承担起可持续发展的社会责任。2007 年 9 月，住房和城乡建设部指导绿色施工的技术文件《绿色施工导则》颁布后，填补了建筑施工环节推进绿色建筑发展的空白。如何贯彻《导则》，切实推进绿色施工，教育应是基础和关键。建筑施工队伍是文化技术素质参差不齐且总体偏低和变动性较大的群体。推进绿色施工，关系到这个群体的每一个人，贯穿建筑活动的始终。因此，什么是绿色施工，怎样才能做到绿色施工，在既定的工程项目上推进绿色施工的重点、难点是什么等等，必须进行宣传教育，对每一批新进工地的施工队伍，都要进行教育。教育的重点对象是工程上的管理人员、技术人员。每个施工企业都应进行绿色施工的宣传教育，使大家了解绿色施工的基本要求，切实树立其绿色施工的观念。

三、增强职工绿色施工意识

施工企业应重视企业内部的自身建设，使管理水平不断提高，不断趋于科学合理，并加强企业管理人员的培训，提高他们的素质和环境意识。具体应做到：

加强管理人员的学习，然后由管理人员对操作层人员进行培训，增强员工的整体环保意识，增加员工对环保的承担与参与。

在施工阶段，定期对操作人员进行宣传教育，如海报和绿色宣传的贴纸，要求操作人员严格按已制定的环保措施进行操作，鼓励操作人员节约水、节约材料，注重机械设备的保养，注意施工现场的清洁，文明施工，不制造人为噪声。

第四节 评 价 管 理

绿色施工管理体系中应该有自评估体系。根据编制的绿色施工管理方案，结合工程特点，对绿色施工的效果及采用的新技术、新设备、新材料与新工艺，进行自评估。自评估应该由专门的专家评估小组执行，分阶段对绿色施工方案、实施过程至项目竣工，进行综合评估，根据评价结果对方案、绿色施工技术进行改进、优化。

绿色施工评价是推广绿色施工工作中的重要一环，只有真实、准确地对绿色施工进行评价，才能了解绿色施工的状况和水平，发现其中存在的问题及薄弱环节，并在此基础上进行持续改进，使绿色施工的技术和管理手段更加完善。

由于施工过程中管理和操作系统的复杂性，绿色施工往往难以界定，使得绿色施工的推广工作进程缓慢。制定并遵循一个较为具体的绿色施工评价体系及相关标准，一方面可以为工程达到绿色施工的标准提供坚实的基础；另一方面是对整个项目实施阶段监控评价体系的完善，最终建立绿色施工的决策支持系统。同时，通过开展绿色施工评价可为政府或承包商建立绿色施工的行为准则，在理论的基础上明确被社会广泛接受的绿色施工的概念及原则等，可以为开展绿色施工提供指导和指明方向。

一、绿色施工评价指标体系设置的基本原则

1. 清洁生产原则

通过生产全过程控制，强调在污染产生之前就予以削减，体现污染预防的思想，指标体系的设置应尽量避免考虑施工结束后治理。

2. 科学性与实践性相结合原则

在选择评价指标及构建评价模型时，要力求科学，能够真实地反映绿色施工“四节一保”（节能、节地、节水、节材料和环境保护）等诸多方面；评价指标体系的繁简也要适宜，不能过多过细，避免指标之间相互重叠、交叉；也不能过少过简，导致指标信息不全面而最终影响评价结果。

3. 针对性和全面性原则

必须针对整个施工过程，并联系实际、因地制宜、适当取舍；针对典型施工过程或施工方案。

4. 动态性原则

把绿色施工评价看作一个动态的过程，评价指标体系结构的内容应有不同工程、不同地点，评估指标、权重系数、计分标准发生变化的特性。同时，随着科学的进步，不断调整和修订标准或另选其他标准，并建立定期的重新评价制度，使评价指标体系与技术进步相适应。

5. 前瞻性、引导性原则

绿色施工评价指标应与绿色施工技术经济的发展方向相吻合；评价指标的选取要对绿色施工未来的发展具备一定的引导性，尽可能反映出绿色施工今后的发展趋势和发展重点。

6. 可操作性原则

指标体系中的指标一定要具有可度量性和可比较性，以便于比较。一方面对于评价指标中的定性指标，应该通过现代定量化的科学分析方法使之量化；另一方面评价指标应使用统一的标准衡量，尽量消除人为的可变因素的影响，使评价对象之间存在可比性，进而确保评价结果的准确性。

二、绿色施工评价指标体系的确定

评价指标体系的选择和确定是评价研究内容的基础和关键，直接影响到评价的精度和结果。在遵循上述原则的基础上，结合绿色施工的特点进行，可参考选用下列表 1-2 所示基本框架的指标体系。

绿色施工评价指标、权重、标准值 表1-2

指标项			指标权重	
一级指标	权重	二级指标	单项指标权重	总权重
环保技术	0.21	施工机械装备	0.42	0.09
		绿色施工新技术	0.25	0.05
		施工现场管理技术	0.33	0.07
环境污染	0.2	噪声污染	0.17	0.03
		大气污染	0.25	0.05
		固体废弃物污染	0.13	0.03
		水污染	0.12	0.02
		光污染	0.12	0.02
		生态环境	0.22	0.04
资源消耗	0.23	材料消耗量	0.38	0.09
		能源消耗量	0.25	0.06
		水资源消耗量	0.25	0.06
		临时用地	0.13	0.03
资源再利用	0.15	建筑垃圾的综合利用	0.50	0.08
		水资源的再利用	0.50	0.08
绿色施工环境管理	0.13	环境管理机制	0.42	0.05
		有关认证达标率	0.25	0.03
		生态环境恢复	0.33	0.04
社会评价	0.08	工地所在社区居民的评价	1	0.08

1. 环保技术指标

(1) 机械装备指标。采用的施工机械直接影响着施工过程对环境的影响。如采用低能耗、低噪声、环境友好型机械，不但可提高施工效率，而且能直接为绿色施工做出贡献。在本指标体系中主要考虑在施工中采用的环境友好型机械及一体化作业工程机械的使用情况。

(2) 绿色施工新技术。施工新技术的推广应用不仅能够产生较好的经济效益，而且往往能够减少施工过程对环境的污染，创造较好的社会效益和环保效益。

(3) 施工现场管理技术。施工现场管理技术能够从根本上解决施工过程中具体的噪声、粉尘等环境因素的污染问题，主要包括施工工艺选择(结合气候、尊重基地环境)、工地围栏、防尘措施、防治水污染、大气污染、噪声控制、垃圾回收处理等。

2. 环境污染指标

建筑施工具有周期长、资源和能源消耗量大、废弃物产生多等特点，会对环境、资源造成严重的影响，因此环境污染指标应当采取严格的标准。

(1) 噪声污染。建筑施工噪声主要是由施工机械产生的，此外还有脚手架装卸、安装与拆除，模板支拆、清理与修复等工作噪声，是建筑施工中居民反应最强烈和常见的问题。

(2) 大气环境污染。施工过程中产生的灰尘、固体悬浮物、挥发性化合物及微量有毒有机污染物是造成城市空气污染严重的首要因素。

(3) 固体废弃物污染。固体废弃物主要指建筑垃圾。

(4) 水污染。该指标主要考虑特殊的施工生产工艺中产生的固体或液体垃圾向水体的投放。建筑施工中产生的废水主要包括钻孔灌注桩施工产生的废泥浆液、井点降水、混凝土浇注废水、骨料冲洗、混凝土养护及拌合冲洗废水等。建筑施工废水如不能得到有效的处理，势必极大地影响周边环境和居民的生活。

(5) 光污染。光污染是继废气、废水、废渣和噪声等污染之后的一种新的环境污染源。施工中产生光污染的来源主要是施工夜间大型照明灯灯光、施工中电弧焊或闪光对接焊工作时所发出的弧光等。

(6) 生态环境影响。项目施工期间，用地需要变更原有的地形地貌，植被铲除，使大面积的地表裸露。本指标中主要考虑施工过程中对场地土壤环境、周边区域安全及对古树名木与文物的影响。

3. 资源消耗指标

(1) 材料消耗量指标。主要考虑节约材料、材料选择及就地取材三个方面，这里的材料包括建筑材料、安装材料、装饰材料及临时工程用材。

(2) 能源消耗量指标。主要是考虑能源节约和进行能源优化，这里所说的能源包括电、油、气、燃气等。

(3) 水资源消耗量指标。主要是考虑在施工过程中水资源的节约和提高用水效率，如工地应该检测水资源的使用，安装小流量的设备和器具。

(4) 临时用地指标。主要考虑节约施工临时用地指标。

4. 资源综合利用指标

(1) 建筑垃圾的综合利用。该指标中将重点考察施工现场是否建立了完善的垃圾处理制度，以及对可重复利用建筑垃圾的再利用情况。

(2) 水资源的再利用。在可能的场所采取一定的措施重新利用雨水或施工废水，使工地废水和雨水资源化，进而减少施工期间的用水量，降低水费用。

5. 绿色施工环境管理指标

(1) 环境管理机制。工程施工过程中，建设单位(业主) 和施工单位都具有绿色施工的责任，建设单位应该在施工招标文件和施工合同中明确施工单位的环境保护责任，并具有现场环境管理的人员、制度与资金保障。施工单位应积极运用 ISO 14000 环境管理体系，把“绿色施工”的创建标准分解到环境管理体系目标中去，建立完善的环境管理体系，并在工程开工前和施工过程中制定相应的环保防治措施和工程计划。

(2) 工科有关认证达标率：主要以承包商、相关的材料及设备供应商是否通过 ISO 14000 认证进行评价。

(3) 生态环境恢复。建筑施工活动对生态环境会造成一定的负面影响(减少森林、植被破坏、地质灾害)。发达国家在修筑公路、广场、水利、水电等基础设施时很重视裸露坡面、地面的生态环境的恢复(种草、栽树)，使之成为绿色施工的一道重要工序。该评价指标体系将生态环境复原也作为环境管理的指标之一，主要考察竣工后是否采用土地复垦、植被恢复等生态环境复原方法。

6. 社会评价指标

该指标主要考虑工地所在社区居民对工地的评价。

三、指标权重的确定

指标的权重代表着该指标在指标体系中所起的作用，各指标权重值大小的确定是建立评价指标体系工作中的重要一环。目前，确定指标权重的方法有主观赋权法和客观赋权法。在考察了用于综合评判的各种方法后，根据绿色施工指标体系的特点，本书建议采用专家打分法进行权重的确定。确定的过程如下：

1. 选择专家

为了增加权重确定的客观性和科学性，专家成员应该包括从事绿色建筑、房地产经济领域的研究学者、开发商、施工企业的管理人员，可以选择10～15 名。

2. 专家评分。评分的方法有很多种，为了体现出本指标体系中各个指标之间的相对重要性关系，可采用04 评分法。表 1-2 中资源消耗指标项各分指标权重的确定如表 1-3 所示。

资源消耗指标项权重计算结果 **表 1-3**

	一对一比较结果				得分	权重
	材料消耗量	能源消耗量	水资源消耗量	临时用地		
材料消耗量	×	3	3	3	9	0.38
能源消耗量	1	×	2	3	6	0.25
水资源消耗量	1	2	×	3	6	0.25
临时用地	1	1	1	×	3	0.13
合　计					24	1

采用同样的方法可以确定其他指标项权重。

四、指标标准值确定

要对绿色施工进行评价，根据各项指标评价的目的和要求，必须合理的确定各评价指标的标准值或临界值。指标的标准值是评价各单体指标实际状况的参照或标尺，只有确定了合理的标准值，才能将实际发生值与标准值进行对比，考察它们之间的差异，从而对建设过程的绿色施工状况进行评价。目前关于指标体系标准值的确定，并没有统一的方法。本书在选定单体指标标准值时，遵循以下四个原则：

(1) 凡已有国家标准的指标，尽量采用规定的标准值，如一些环境指标：废水排放达标率、雨水利用率等。

(2) 国家没有控制标准的，参考国内较好工地的一些现状值作趋势外推，确定标准值。

(3) 参考发达国家的具有良好特色工地现状值或通过专家咨询来确定。

(4) 依据现有环境与社会、经济协调发展的理论，力求定量化作为标准值。

五、指标分值的计算方法

由于各个指标的计量单位大多不相同，各指标体系的权重值和标准值确定后，要进行综合评价，还要将各类指标的属性值进行无量纲化，转换为评价分值，然后再根据指标体系的评价模型计算出各指标体系的综合评分值，再根据评分值的高低来对绿色施工水平进行评价。

1. 单项指标值数计算

单项指标值数(N_i)的计算方法：以该单项指标的标准值为参照值，将其现状值与其相比计算出单项分值。有些单项指标，当指标值越大时，反映绿色施工工作在这个侧面开展得越好，该指标值越大越好，$N_i=X_i/S_i$；而有些指标则相反，越小越好，$N_i=S_i/X_i$。式中，X_i为指标的现状值，S_i为指标的标准值。任何指标的最高分值为1。

2. 综合评价指数

由专家打分法得到各指标的权重和各单项指标值数，利用综合评价指数(q)来评价绿色施工的水平。综合评价指数按下式计算：

$$q=\sum N_j W_j$$

式中　W_j——某指标的权重值。

q值的大小反映绿色施工的水平，若$q \geqslant 1$，则表明大于或等于评价标准，即绿色施工目标得到了很好的实现；若$q<1$，则表明低于评价标准，q越低，则说明绿色施工开展得越差。还可以根据q值的大小评出达到绿色施工水平的不同等级。

每个工程所在地点不同、特点不同，其评价指标体系可能会有所不同，如何建立一个完整的、全面反映绿色施工水平的指标体系，还有待于进一步的研究以及在实际工程的施工评价中继续完善。

第五节　人员安全与健康管理

一、保障施工人员的长期职业健康

为了保障施工人员的健康，建筑施工企业应制定施工防尘、防毒、防辐射等职业危害的措施和办法。

目前在国内安全管理中，已引入职业健康安全管理体系，各建筑施工企业也都开始积极地进行职业健康安全管理体系的建立并先后取得体系认证，在施工生产中将原有的安全管理模式规范化、文件化、系统化地结合到职业健康安全管理体系中，使安全管理工作成为循序渐进、有章可循、自觉执行的管理行为。

在实施职业健康安全管理体系过程中，要注意做好以下几方面工作。

1. 建立适合企业自身实际的职业健康安全管理体系标准构架

建造好的体系结构，对以后体系的运作起到决定性的作用。首先要面对自己企业的实际情况，对施工组织模式、施工场所、技术工艺、职工素质做科学细致的分析，建立企业自己的易于操作执行、简洁高效的管理手册、程序文件及体系支撑性文件。职业健康安全管理体系作为一个新生事物，对它的认知有个过程，对体系的理解因人而异。相对于施工企业而言，施工周期长、施工条件恶劣、危害因素接触较为频繁、风险发生几率大、伤害结果严重、施工人员素质相对较低等诸多因素决定了建筑施工行业安全工作的复杂性。所以前期应做好企业内部的调查分析，建立一套简洁高效的管理手册和程序文件尤为重要。

2. 重视职业健康安全管理体系的宣贯工作

通过职业健康安全管理体系的宣贯工作，使职工认识到企业推行职业健康安全管理体系并不是要企业重新建立一套安全管理体制，而是与现行的安全管理体制有机地结合，使安全管理工作成为循序渐进、有章可循、自觉执行的管理行为。体系面对的对象是企业的各级员工，也靠基层的员工来执行，体系的宣贯不能仅局限于管理层、高层的宣贯，还要普及到基层的员工。尤其在体系完成的试运行阶段，通过集中办班、印制通俗易懂的小宣传册、企业的传媒宣传报道，在施工生产现场、班组工作间广泛宣传等形式多样的培训、宣传普及体系知识，使职工在体系贯彻伊始就有个好的体系习惯。同时培训出一批合格的体系内审员，做好体系的正常良性运作，能够及时找出体系的误差，不至于偏离方向。

3. 把握好职业健康安全管理体系在施工管理的重点控制环节

体系是否执行到位是安全目标得以实现的关键，为此需要把握住体系的几个重点控制环节。

(1) 做好做实危险源的辨识和控制。危险源的辨识和控制是体系的核心，施工企业应有较为详细的安全操作规程，安全性评价、安全检查表等工作。确定危险源辨识包括两方面的内容，一是识别系统中可能存在的危险、有害因素的种类，这是识别工作的首要任务；二是在此基础上进一步识别各种危险、有害因素的危害程度。

(2) 做好基层班组对体系的执行和落实工作。危险源的辨识和控制是否能取得预期的实效，发挥超前控制事故的作用，关键在于各项控制措施是否在基层班组中得到严格执行，这是体系得以发挥作用的基础，直接关系到体系的运作效果。班组开展危险源的辨识和控制，认真落实各项预控措施，能有效地预防事故发生。班组是危险源的辨识和控制的基础层。从危险源的查找到在具体工作中的督促实施、记录跟踪，大量的工作都要落实在班组。

4. 重视内审及外审

职业健康安全管理体系是一个动态性很强的体系，它要求企业在实施职业健康安全管理体系时始终保持持续改进意识，对体系进行不断修订和完善，使体系功能不断加强。通过内审这个自我检查过程，对于修正体系的偏差及加强体系的适应性，找出管理的弱点，具有自我调节、自我完善的重要作用。内审范围应全面、详细。内审的结果将直接对体系是否符合标准、是否完成了企业的职业安全健康目标和指标做出判断，并使它能够与企业的其他管理活动进行有效的融合，达到企业不断提高检查、纠错、验证、评审和改进职业安全健康工作的能力。

二、应急准备在建筑施工单位的应用

布置临时房屋时，应考虑不受施工干扰，职工上下班近，生产管理方便，不受洪水和泥石流威胁，绕开塌方、落石、滑坡、危岩等地段，应尽量靠近公路，缩短引入线。

作为建筑施工项目，一般地处偏远或交通不畅之处，遇有重大险情，外部救援力量难以短时间内到达，必须立足于本单位的自救行动。应急响应的成败，取决于应急准备的充分与否。

1. 施工现场几种常见应急预案的类型

施工单位应当以现场为目标区域，根据工程特点及现场环境条件，通过危险源辨识、风险评价，针对某种具体、特定类型的重大危险源，制定现场专项应急预案。根据对施工企业职业伤害事故的调查统计分析，常见应急预案的类型有：

（1）火灾应急预案。这在林区、化工厂施工，应尤其关注。

（2）防洪度汛应急预案。水利水电工程施工中应用的最多。

（3）土方坍塌应急预案。如基坑、隧洞、公路边坡、路基塌方等。

（4）建筑物倒塌应急预案。

（5）脚手架、集料平台倒塌应急预案。

（6）台风应急预案。沿海地区施工应尤为关注。

（7）食物中毒应急预案。多发生在职工食堂，因自救力量有限，应及时求助于社会救援力量。

（8）气体中毒应急预案。常见于矿山、深基坑、隧洞及人工挖孔桩等项目。

（9）大型起重机倒塌事故应急预案。

一些特殊险情如触电、高空坠落、溺水、烫伤、机车刹车失灵等，事故从发生到结束时间极短，预案难以充分发挥其效用。因此不需建立应急组织机构和编制应急预案，但应做好应急设备的检查和维护，定期演练应急措施。

2. 应急准备的策划要求

应急准备的目标是保持重大事故应急救援所需的应急能力，为实现该目标，应针对重大危险源在组织措施、技术措施上做出计划和安排，对应急资源定期检查和维护。

（1）应急组织机构和职责

作为一种组织措施，应急组织机构应单独设立，同一施工区域可以有统一的组织机构来对应多项应急预案。视项目规模、风险类型和风险大小的不同，机构组成稍有差别。中、小型项目的应急组织机构可由下列小组组成应急指挥中心、技术专家组、通信联络组、工程抢险组、医疗救护组、疏散撤离组、应急设备组等。

1）应急指挥中心。应急系统的指挥中心，指令应急预案的启动和关闭，协调各应急小组，统筹安排整个应急救援行动，为现场救援提供各种信息支持，实施场外应急力量、救援装备的迅速调度和增援，同时负责与地方政府和紧急服务机构的联络。对于小规模的突发险情，指挥中心可设在事故现场，指挥长可由现场主要管理者担任。

2）技术专家组。对险情做出判断，提交应对技术措施，评估事件规模和事态发展趋势，为进一步行动预先做出准备。

3）通信联络组。应建立和及时更新作业人员名单、关键人员的地址和电话表、地方政府和紧急服务机构的地址和电话表。预案启动后，在中心指令下，按程序迅速通知作业人员到场，在各小组间联络与传递信息，负责在预定地点接引外部救援力量到场。

4）工程抢险组。负责寻找受害者，消除或降低险情、事故后的现场恢复。

5）医疗救护组。为受害者提供现场急救和早期护理，必要时转送伤者到急救站或医院。

6）疏散撤离组。安排无关人员撤离到集中地带；核实、疏散受到影响的居民；撤离重要机械、物资，必要时协助交通警戒。

7）应急设备组。管理项目应急设备数量和存放地点的明细清单，提供互助机构和紧急服务机构可提供的设备清单。督促应急设备的日常检查和维护。

(2) 应急预案的编制

作为技术措施的主要体现，应急预案文件中应明确“针对事故所必须采用的技术方法、手段、设备设施和具体的操作步骤和操作要求”。

1）事故报警。预案中应明确报警电话，并应为员工所熟知。险情发生后，任何人都有报警的权利和义务。接警人员应及时按程序报告上级。有些项目配有内部对讲机，更为报警提供了便利。

2）警情与响应级别的确定。根据事故性质、严重程度、事态发展趋势一般实行三级响应机制。如果事故不必启动预案的最低响应级别，则响应关闭。对不同的响应级别，相应地明确事故的通报范围、应急中心的启动程度、应急力量的出动和设备、物资的调集规模、疏散范围、应急总指挥的职位等。

3）响应程序。它说明某个行动的目的、范围、工作流程和措施。程序内容要具体，比如该做什么、谁来做、什么时间和什么地点做等。它的目的是为应急行动提供指南，要求程序和格式简洁明了，以确保应急队员在执行应急步骤时不会产生误解，格式可以是文字叙述和流程图表。如事例中响应级别确定后的具体行动措施即为响应程序。

4）程序说明书。是解决“怎么做”，是对程序中的特定任务及某些行动细节进行详细说明，供应急小组成员或其他个人使用，例如应急队员职责说明书、监测设备使用说明书、疏散步骤、急救步骤等。

(3) 应急设备的准备和维护

应急资源的准备是应急救援工作的重要保障，项目应根据潜在事故的性质和后果分析，合理配置应急救援中所需的应急设备，如各种救援机械和设备、应急物资、监测仪器、抢险器材、交通工具、个体防护设备、简易急救设备等。应急设备应定期检查、维护与更新，保证始终处于完好状态。

(4) 外部救援的联络

当应急能力不足时，应及时求助于社会救援力量，包括政府机构、社会紧急服务机构、签订救援互助协议的相关机构。为缩短应急响应时间，应建立与当地救援机构如武警、消防、医院、卫生防疫、气象站等的联络。

3. 应急演练和培训

应急演练既是检验过程，又是培训过程。一方面检验了应急设备的配备，避免应急事件来临时的相关资源不到位的问题，另一方面检验了程序间的衔接与各应急小组间的协调。通过演练，队员们得到训练，熟悉了程序任务，同时了解自己现有的知识和技能与应对紧急事件的差距，从而提前做好补救措施。

（1）应急演练的形式

项目应综合考虑演练的成本、时间、场地、人员要求，按适当比例选择演练形式，编制应急演练计划，开展应急演练活动。

1）实战模拟演习。采用相应的道具，对“真实”情况进行模拟。可根据施工项目的规模、特点来开展单项演习、多项演习和全面综合演习。单项演习是针对应急预案中的某一单科项目而设置的演习，如事故抢险、应急疏散演习等多项演习是两个或两个以上的单项组合演习，以增加各程序任务间的协调和配合性综合演习是最高一级的演习，重在全面检验和训练各应急救援组织间的协调和综合救援能力。

2）室外讨论式演练。针对某一具体场景、某一特定应急事件现场讨论，成本较低，灵活机动。组织者描述应急事件的开始，让每一个参与者在应急事件中担当某一特定角色，并口头描述他如何应对，如何与其他角色进行配合。组织者引导参与者的思路，不时增加可变的因素或现场限制条件，将讨论深入下去。重在解决现场应变能力。

3）室内口头演练。一般在会议室举行，成本最低，不受时间、场地、人员的限制。特点是对演练情景进行口头表述，重在解决职责划分、程序任务、相互协作问题。

（2）演练结果的评价

演练结束后，应对效果做出评价，提交演练报告。根据演练过程中识别出的缺陷、错误，提出纠正或者改进措施。

4. 应注意的几个问题

（1）相邻施工单位应尽可能建立应急互助预案，以便在紧急情况下共享资源，高效协调管理。

（2）项目应立足于现场自救。自身力量不足时，应及时启动社会应急预案。

（3）响应级别的确定尽可能形成量化指标，减少临时判断时的迟疑不决。

（4）应急计划根据演练结果改进后，应及时通知预案所有参与人员。

（5）重大事故发生后，不可避免地会引起新闻媒体和公众的关注。应将有关事故的信息、影响、救援工作的进展等情况及时向媒体和公众进行统一发布，以消除公众的恐慌心理，控制谣言。

三、提供卫生、健康的工作与生活环境

对于以地面作业为主的一般工业与民用建筑施工，卫生问题比较简单。但目前高层建筑项目越来越多，其施工过程中的卫生管理问题也越来越显现，操作人员一进入高层建筑，一般半天内都不下楼，所以大小便要在未完工的高层建筑内解决，此外还有些施工中的废弃物要处理等，所以对多、高层建筑的施工可采取如下具体措施来处理施工现场的卫生问题以保证文明施工。

（1）每隔三层可在吸烟室相邻处设简易厕所，小便可以用管道通到地面处理，大便可以用马桶，马桶由工地派专人每天在操作工人下班后清洗。

(2) 对工期较长的大型建筑，可以设置较好的临时厕所，利用一间永久性厕所排临时管线，在工地上预先做好临时化粪池，与正式厕所一样使用。

(3) 建筑施工的结构阶段，要设专用垃圾通道，及时清除建筑垃圾，装饰阶段可以利用高层建筑本身垃圾通道或由专人装包运出，不得由高处抛下。

此外，通过如下具体措施来提供对施工人员的住宿、膳食、饮用水等方面的保障，以达到改善施工人员生活条件的目标。

(1) 施工现场与职工宿舍尽量分开，以保证职工休息时不受现场施工的侵扰。根据需要制定防暑、降温措施。

(2) 对于购入的职工膳食原材料应符合食品安全标准，烹饪供应的食品应考虑基本的营养搭配。要对食堂进行必要的消毒，要不断消灭蚊、蝇，防止疾病传播。

(3) 建筑施工中的生活饮用水，也应派专人送到已完结构的楼层内，茶水桶应有安全措施。

(4) 在有粉尘和有毒气体产生的作业阶段，除必要的防护设备外还要加强通风。

思考题

1. 什么是绿色建筑？什么是绿色施工？绿色施工管理主要包括哪几个方面？
2. 组织管理主要包括哪些内容？项目经理为绿色施工第一负责人，其主要职责是什么？
3. 绿色施工方案具体应包括哪几个方面的内容？其中环境保护措施包括哪些？节地与施工用地保护措施有哪些？
4. 实施管理主要包括哪些内容？整体目标控制中，动态控制的具体方法是什么？
5. 绿色施工现场管理的内容是什么？绿色施工现场管理的要求是什么？
6. 工程验收管理有何意义？竣工验收要求包括哪些？
7. 如何营造绿色施工的氛围？如何增强职工绿色施工意识？
8. 绿色施工评价管理的意义？绿色施工评价指标体系设置的基本原则是什么？
9. 在实施职业健康安全管理体系过程中，要注意做好哪几方面工作？

参考文献

[1] 绿色施工导则
[2] 施赛. 基于项目生命周期的绿色建筑系统分析. 项目管理技术，2007，3
[3] 竹隰生，任宏. 可持续发展与绿色施工. 基建优化，2002，23(4)
[4] 陈建国，闵洲源. 基于BP人工神经网络的绿色施工评价方法研究. 基建优化，2007，28(5)
[5] 周红波，姚浩. 既有建筑改造绿色施工管理策划与应用研究. 建筑经济，2008，(5)
[6] 金放明，管际明. 建设工程绿色施工管理浅析. 建筑施工，2007，29(12)
[7] 王广俊. 实施绿色施工对推进可持续发展施工技术具有重要意义. 科技资讯，2007，(36)
[8] 赵升琼. 国内建筑施工企业的发展瓶颈. 建筑设计管理，2007，(2)
[9] 朱晓平，姚卫超. 绿色施工管理研究. 管理与实践，科协论坛，2007，(4下)
[10] 赵升琼. 必须倡导绿色建筑. 建筑管理现代化，2006，88(3)
[11] 王健苗. 试述绿色建筑与施工管理. 西部探矿工程，2004，7

[12] 沈臣迪，虞永富. 建筑施工现场与管理中的节能. 建筑施工，2007，29(12)
[13] 付晓灵. 谈项目工程管理中的绿色施工. 工程建设与设计，2003，(1)
[14] 李安书，黄俊杰. 试述施工项目现场管理. 建筑与工程，2008，(25)
[15] 丛培经. 施工项目竣工验收阶段的管理. 施工技术，2003，32(5)
[16] 李美云，范参良. 绿色施工评价指标体系研究. 工程建设，2008，40(1)
[17] 刘锐. 应急准备在建筑施工单位的应用. 广东水利水电，2005，(6)

第二章 环 境 保 护

当今的发达国家无一例外的都将环境保护与经济发展结合起来。随着我国经济的发展，所暴露出来的环境问题越来越严重。环保问题日益成为人们关注的热点。社会的进步、生活质量与环境息息相关。以前常见的蓝天碧水离我们越来越远了。为此，党和政府已经意识到了环境保护的重要性，并多次强调环境保护对我国社会主义建设的重要性。

环境通常被认为是影响人类生存和发展的各种天然的和经过人工改造的自然因素的总和，包括大气、水、海洋、土地、矿产、森林、草原、野生生物、自然遗迹、人文遗迹、自然保护区、风景名胜区、城市和乡村等。环境保护是指人类为解决现实的或潜在的环境问题，协调人类与环境的关系，保障经济社会的持续发展而采取的各种行动的总称。其方法和手段有工程技术的、行政管理的，也有法律的、经济的、宣传教育的等。环境保护旨在保护和改善生态环境和生活环境，合理利用自然资源，防治污染和其他公害，使之适合人类的生存与发展。由于各个地区所面临的问题不同，所以环境保护具有明显的地区性。环境保护的内容大体可分三方面：一是防治由生产和生活活动引起的环境污染，包括防治工业生产排放的“三废”（废水、废气、废渣）、粉尘、放射性物质以及产生的噪声、振动、恶臭和电磁微波辐射，交通运输活动产生的有害气体、废液、噪声，海上船舶运输排出的污染物，工农业生产和人民生活使用的有毒有害化学品，城镇生活排放的烟尘、污水和垃圾等造成的污染；二是防止由建设和开发活动引起的环境破坏，包括防止由大型水利工程、铁路、公路干线、大型港口码头、机场和大型工业项目等工程建设对环境造成的污染和破坏，农垦和围湖造田活动、海上油田、海岸带和沼泽地的开发、森林和矿产资源的开发对环境的破坏和影响，新工业区、新城镇的设置和建设等对环境的破坏、污染和影响；三是保护有特殊价值的自然环境，包括对珍稀物种及其生活环境、特殊的自然发展史遗迹、地质现象、地貌景观等提供有效的保护。

改革开放以来，随着我国经济持续、快速的发展以及基本建设大规模开展，环境保护的任务也越来越重。特别是基本建设直接、间接造成了环境保护形势越来越严峻。一方面，工业污染物排放总量大；另一方面，城市生活污染和农村面临的污染问题也十分突出；而且，生态环境恶化的趋势愈演愈烈。

我国虽然是发展中国家，消除贫困、提高人民生活水平是我国现阶段的根本任务。但是，经济发展不能以牺牲环境为代价，不能走先污染后治理的路子。世界上很多发达国家在这方面均有极为深刻的教训。因此，正确处理好经济发展同环境保护的关系，走可持续发展之路，保持经济、社会和环境协调发展，是我国实现现代化建设的战略方针。

建筑业是我国的经济支柱之一，而且该产业直接或间接地影响着我们的环境。这就要求施工企业在工程建设过程中，注重绿色施工，势必树立良好的社会形象，进而形成潜在效益。为此，传统的建筑施工必须进行变革，使其更绿色环保。在环境保护方面，保证扬尘、噪声、振动、光污染、水污染、土壤保护、建筑垃圾、地下设施、文物和资源保护等控制措施到位，既有效改善了建筑施工脏、乱、差、闹的社会形象，又改善了企业自身形象。所以说，企业在绿色施工过程中不但具有经济效益，也会带来社会效益。

本章从环境保护的角度，分别就扬尘、噪声、光污染、水污染、土壤污染、垃圾等几个方面，探讨了施工过程中污染的控制与处理。

第一节 扬 尘 控 制

一、扬尘的危害及主要来源

扬尘是一种非常复杂的混合源灰尘，很难下确切的定义。扬尘污染是空气中最主要的污染物之一。在美国环境署发布的报告中指出：空气污染 92％为扬尘，其来源：28％为裸露面，23％来自建筑工地。大量研究表明，扬尘对人们的健康和农业生产有着相当大的影响，如何科学合理地解决扬尘问题受到了广泛关注，各国都投入了相当大的人力、物力进行研究。在我国大多数地区已经成为首要的空气污染物，它包括 3 个组分：降尘(粒径＞100μm)、飘尘(粒径 10～100μm)、可吸入颗粒物(粒径＜10μm)。扬尘组分的化学分析表明，扬尘主要是土壤尘，即地壳中硅、钙、铝等元素为其主要组成。扬尘对人体的健康影响很大，医学研究发现，长期吸入高浓度 SiO_2 尘粒，硅肺病的发病率明显增加。扬尘中的 PM_{10}、$PM_{2.5}$颗粒较小，比表面积大，因受到各种污染，更易富积大量有害元素，如 Hg、Cr、Pb、Cu、As 等，且其易在大气中长期滞留，对空气质量影响和人体健康危害会更大。粒径较大的颗粒物大部分被阻挡在上呼吸道中，而颗粒物的 50％～80％、直径在 10μm 以下的可吸入颗粒物则能穿过咽喉进入下呼吸道，尤其是粒径小于 2.5μm 的颗粒更能沉积于肺泡内。若长期生活在一定浓度的 Hg、Cr、Pb、As 及其他游离态硅灰的空气中，就易引起慢性中毒，产生纤维肺甚至恶性肿瘤。此外，在空气颗粒物中还存在有机化合物，约占 5％左右，其中所含高分子化合物(如多环芳烃)还具有致癌作用。

另外，空气中的细小颗粒物不但可以降低城市大气能见度，还会造成光化学烟雾、酸雨、气候变暖等环境问题。粒径小于 2.5μm 的颗粒就是导致城市能见度下降的祸首，增加了交通隐患，随着城市机动车辆数量的剧增，这类扬尘也极易导致交通事故。

根据最新污染源解析的结果，建筑水泥尘对大气颗粒物 TSP 的年分担率为 18％，采暖季为 12％，非采暖季为 23％。建筑水泥尘对 PM_{10}的年分担率为 13％，采暖季为 7％，非采暖季为 12％。另外，建筑水泥尘以扬尘形态进入城市扬尘的分担率为 17％。当今我国基础建设正处于高峰时期，建筑、拆迁、道路施工过程中物料的装卸、堆存、运输转移等产生的建筑扬尘还会不断增多，已成为 TSP 污染的重要原因之一。可见，建筑施工是产生扬尘的主要原因。

建筑施工中出现的扬尘主要来源于：渣土的挖掘与清运、回填土、裸露的料堆、拆迁施工中由上而下抛撒垃圾、堆存的建筑垃圾、渣土清运、现场搅拌混凝土等。扬尘还会来自于堆放的原材料(如水泥、白灰)在路面风干及底泥堆场修建工程和护岸工程施工产生。

施工中，建筑材料的装卸、运输、各种混合料拌合、土石方调运、路基填筑、路面稳定等施工过程对周围环境会造成短期内粉尘污染。运输车辆的增加和调运土石方的落土也会使相关的公路交通条件恶化，对原有交通秩序产生较大的影响。施工时产生的粉尘会影响其生长，尤其对果木影响更大。燃油施工机械排放的尾气，如 CO_2、SO_2、NO_X 等会增加该路段的大气污染负荷。另外，沥青加热、喷洒、胶结过程中产生的沥青烟也是建设过程中重要的大气污染源。沥青烟的主要成分有颗粒物(以碳为主)、烃类、氮氧化物等，主要对施工人员及附近居民区、村庄造成危害。

二、建筑施工中扬尘的防治

1. 扬尘污染的治理技术

(1) 挡风抑尘墙

挡风墙是一种有效的扬尘污染治理技术，其工作原理是，当风通过挡风抑尘墙时，墙后出现分离和附着并形成上、下干扰气流来降低来流风的风速，极大地降低风的动能，减少风的湍流度，消除风的涡流，降低料堆表面的剪切应力和压力，从而减少料堆起尘量。一般认为，在挡风板顶部出现空气流的分离现象，分离点和附着点之间的区域称为分离区，这段长度称为尾流区的特征长度或有效遮蔽距离。挡风抑尘墙的抑尘效果主要取决于挡风板尾流区的特征长度和风速。风通过挡风抑尘墙时，不能采取堵截的办法把风引向上方，应该让一部分气流经挡风抑尘墙进入庇护区，这样风的动能损失最大。试验结果显示，具有最适透风系数的挡风抑尘墙减尘效果最好。例如当无任何风障时，料堆起尘量为 100%，设挡风墙起尘量仍有 10%，而设挡风抑尘墙起尘量只有 0.5%。

目前挡风抑尘墙在国内的港口、码头、钢铁企业堆料场得到了应用。有关资料显示，经过挡风抑尘墙后风速减小约 60%，实际抑尘效率大于 75%。挡风抑尘墙在露天堆场使用，一般要考虑三个主要问题，即设网方式、设网高度和与堆垛的距离。

1) 设网方式。通常有两种设网方式，主导风向设网和堆场四周设网。采用何种方式主要取决于堆场大小、堆场形状、堆场地区的风频分布等因素。

2) 设网高度。与堆垛的高度、堆场大小和对环境质量要求等因素有关。对于一个具体工程来说，要根据堆场地形、堆垛放置方式、挡风抑尘墙及其设置方式，计算出网高与堆垛高度、网高与庇护范围的关系，结合堆场附近的环境质量要求等综合因素确定堆场挡风抑尘墙的高度。

3) 与堆场堆垛的距离试验结果表明，如果在设网后的一定距离内有一个低风区，减速效果会增加，因此挡风抑尘墙应该距离堆场堆垛一最佳距离。对于由多个堆垛组成的堆场而言，可以视堆场周围情况，因地制宜地设置。一般可以沿堆场堆垛边上设置挡风抑尘墙。

(2) 绿化防尘

树木能减小粉尘污染的原因，一是由于其有降低风速的作用，随着风速的减慢，气流中携带的大粒粉尘的数量会随之下降。二是由于树叶表面的作用，树叶表面通常不平，有些具有茸毛且能分泌黏性油脂及汁液，因此，可吸附大量粉尘。此外树木枝干上的纹理缝隙也可吸纳粉尘。不同种类的植物滞尘能力有所不同。一般而言，叶片宽大、平展、硬挺、叶面粗糙、分泌物多的植物滞尘能力更强。植物吸滞粉尘的能力与叶量的多少成正比。

南京林业大学对南京水泥厂周围进行了实测，其结果表明，绿化区域较空旷地中的粉尘量减少 37%～60%。孔国辉先生曾对部分树木的滞尘量进行了测定，具体数值见表 2-1。

部分树木叶片滞尘量(g/m^2) **表 2-1**

树种	滞尘量	树种	滞尘量
刺楸	14.53	夹竹桃	5.28
榆树	12.27	丝绵木	4.77
朴树	9.37	紫薇	4.42
木槿	8.13	悬铃木	3.73
广玉兰	7.10	泡桐	3.53
重阳木	6.81	五角枫	3.4
女贞	6.63	乌柏	3.39
大叶黄杨	6.63	樱花	2.75
刺槐	6.37	腊梅	2.42
楝树	5.89	加杨	2.06
臭椿	5.88	黄金树	2.05
构树	5.87	桂花	2.02
三角枫	5.52	栀子	1.47
桑树	5.39	绣球	0.63

控制道路施工场地的扬尘污染，还可采用先进的边坡绿化技术。

1) 湿式喷播技术。该技术是以水为载体的植被建植技术，将配置好的种子、肥料、覆盖料、土壤稳定剂等与水充分混合后，再用高压喷枪射到土壤表面，能有效地防止冲刷。而且在短时间内，种子萌发长成植株迅速覆盖地面，以达到稳固公路边坡和美化路容的目的，其优点在于适用范围广，不仅可在土质好的地带使用，而且也适用于土地贫瘠地带，对土地的平整度无严格要求，特别适合不平整土地的植被建植，能够有效地防止雨水冲刷，避免种子流失。

2) 客土喷播技术。该技术将含有植物生长所需营养的基质材料混合胶结材料喷附在岩基坡面上，在岩基坡面上创造出宜于植物生长的硬度的、牢固且透气、与自然表土相近的土板块，种植出可粗放管理的植物群落，最大程度地恢复自然生态。广泛适用于岩石面和风化岩石面，传统喷播植草与简单的三维网喷播技术很难达到预期效果，而客土喷播可以改善边坡土质条件，水、土、肥均可以保持，绿化效果非常好。其缺点是成本高，进度慢。

3) 抑尘剂抑尘

采用化学抑尘剂抑尘是一种目前较有效的防尘方法。该法具有抑尘效果好、抑尘周期长、设备投资少、综合效益高、对环境无污染的特点，是今后施工场地抑尘的发展方向。

粉尘的沉降速度随粉尘的粒径和密度的增加而增大，所以设法增加粉尘的粒径和密度是控制扬尘的有效途径。使用抑尘剂可以使扬尘小颗粒凝聚成大颗粒；增大扬尘颗粒的密度，加快扬尘颗粒的沉降速度，从而降低空气中的扬尘。抑尘机理通常是采用固结、润湿、凝并三种方式来实现。固结就是使需要抑尘的区域形成具有一定强度和硬度的表面以抵抗风力等外力因素的破坏。润湿是使需要抑尘的区域始终保持一定的湿度，这时扬尘颗粒密度必然增加，其沉降速度也会增大。凝并作用可使细小扬尘颗粒凝聚成大粒径颗粒达到快速沉降的目的。

目前有的化学抑尘剂产品大致可分为湿润型、粘结型、吸湿保水型和多功能复合型，其中功能单一的居多。随着化工产品的迅速发展，各种表面活性剂、超强吸水剂等高分子材料广泛的应用，抑尘剂的抑尘效率将不断提高，新型抑尘剂也会层出不穷。近年国内外抑尘剂研究的一些成果如表 2-2 所示。

国内外主要抑尘剂 **表 2-2**

国 家	抑尘剂名称	主 要 成 分
俄罗斯	沥青乳化液抑尘剂	沥青＋己内酰胺厂烷基废水
日 本	黏尘树脂	氯乙烯树脂
美 国	物料覆盖剂	增粘剂＋粘结剂＋有机油
日 本	高倍吸水树脂	丙烯酸枝节共聚物＋纤维素＋聚丙烯腈
美 国	Coherex 粘尘剂	石油产品＋树脂＋水
俄罗斯	复合型抑尘剂	PO-1 型阴离子表面活性剂＋水玻璃＋甲基苯乙烯乳液
英 国	Mine	表面活性剂(璜化琥珀酸、乙醚硫酸盐等)润湿溶液
美 国	PAH	多环芳香族的碳氢化合物水溶液
英 国	复合型抑尘剂	油＋湿润剂＋水＋添加物
美 国	抑尘剂	硅烷偶联剂溶液
美 国	路面抑尘剂	沥青乳化液＋木质磺酸盐＋水
中 国	高倍吸水树脂	丙烯酸胺与洋芋淀粉枝节
中 国	树脂抑尘剂	淀粉枝节聚丙烯酸钠
中 国	树脂抑尘剂	PVA＋丙烯酸酯＋聚丁烯酰胺树脂＋OP＋SPAN
中 国	改良 MPS 抑尘剂	GPS-B
中 国	CDR	$MgCl_2$＋$CaCl_2$＋凝并剂＋保湿剂
中 国	BS-1 型抑尘剂	粘性有机物＋乳化剂
中 国	高效粘尘剂	表面活性剂＋黑腐酸钠＋十二烷基苯磺酸钠＋甲基苯钠

经过多年努力，我国许多城市空气质量已有所改善，但颗粒物污染指数仍然非常严重。纽约等国际大都市目前环境空气中可吸入颗粒物年平均浓度在 $5\mu g/m^3$ 左右，中国上海这一指标在 $10\mu g/m^3$ 左右，而昆明市 2002 年平均浓度为 $59\mu g/m^3$。

2. 扬尘的治理措施及相关规定

根据《中华人民共和国大气污染防治法》及《绿色施工导则》的相关内容，针对扬尘污染的治理，一些省市已出台了地方法规，其主要内容包括：

（1）确定合理的施工方案

在施工方案确定前，建设单位应会同设计、施工单位和有关部门对可能造成周围扬尘污染的施工现场进行检查，制定相应的技术措施，纳入施工组织设计。

（2）控制过程中的粉尘污染

工程开挖施工中，表层土和砂卵石覆盖层可以用一般常用的挖掘机械直接挖装，对岩石层的开挖尽量采用凿裂法施工，或者采用凿裂法适当辅以钻爆法施工，降低产尘率；湿法作业。凿裂和钻孔施工尽量采用湿法作业，减少粉尘。

（3）建筑工地周围设置硬质遮挡围墙

要保证场界四周隔挡高度位置测得的大气总悬浮颗粒物每月平均浓度与城市背景值的差值不大于0.08mg/m^3。因此，工地周边必须设置一定高度的围蔽设施，且保证围墙封闭严密，保持整洁完整。工程脚手架外侧采用合格的密目式安全立网进行全封闭，封闭高度要高出作业面，并定期对立网进行清洗，发现破损立即更换。为了防止施工中产生飞扬的尘土、废弃物及杂物飘散，应当在其周围设置不低于堆放物高度的封闭性围栏，或使用密目丝网覆盖；对粉末状材料应封闭存放。土方作业阶段，采取洒水、覆盖等措施，达到作业区目测扬尘高度小于1.5m，不扩散到场区外。

另外，为保证在结构施工、安装装饰装修阶段，作业区目测扬尘高度小于0.5m。场区内可能引起扬尘的材料及建筑垃圾搬运应有降尘措施，如覆盖、洒水等；浇筑混凝土前清理灰尘和垃圾时尽量使用吸尘器，避免使用吹风器等易产生扬尘的设备；机械剔凿作业时可用局部遮挡、掩盖、水淋等防护措施；高层或多层建筑清理垃圾应搭设封闭性临时专用道或采用容器吊运及外挂密目网。

（4）施工车辆控制

送土方、垃圾、设备及建筑材料等的施工车辆通常会污损场外道路。因此，必须采取措施封闭严密，保证车辆清洁。运输容易散落、飞扬、流漏的物料的车辆，例如散装建筑材料、建筑垃圾、渣土等，不应装载过满，且车厢应确保牢固、严密，以避免物料散落造成扬尘。运输液体材料的车辆应当严密遮盖和有围护措施，防止在装运过程中沿途抛、洒、滴、漏。施工运输车辆不准带泥驶出工地，施工现场出口应设置洗车槽，以便车辆驶出工地前进行轮胎冲洗。

（5）场地处理

施工场地也是扬尘产生的重要因素，需要对施工工地的道路和材料加工区按规定进行硬化，保证现场地面平整，坚实无浮土。对于长时间闲置的施工工地，施工单位应当对其裸露工地进行临时绿化或者铺装。对现场易飞扬物质采取有效措施，如洒水、地面硬化、围挡、密网覆盖、封闭等，最大限度地防止和减少扬尘产生。

（6）清拆建筑控制

清拆建筑物、构筑物时容易产生扬尘，需要在建筑物、构筑物拆除前，做好扬尘控制计划。例如，当清拆建筑物时，应当对清拆建筑物进行喷淋除尘并设置立体式遮挡尘土的防护设施。当进行爆破拆除时，可采用清理积尘、淋湿地面、预湿墙体、屋面敷水袋、楼面蓄水、建筑外设高压喷雾状水系统、搭设防尘排栅和直升机投水弹等综合降尘。另外，还要选择风力小的天气进行爆破作业。当气象预报风速达到4级以上时，应当停止房屋爆破或者拆除房屋。

清拆建筑时，还可以采用静性拆除技术降低噪声和粉尘，静性拆除通常采用液压设备、无振动拆除设备等无声拆除设备拆除既有建筑。

(7) 其他措施

灰土和无机料拌合时，应采用预拌进场。碾压过程要洒水降尘。在场址选择时，对于临时的、零星的水泥搅拌场地应尽量远离居民住宅区。装卸渣土、沙等物料严禁凌空抛撒。严禁从高处直接向地面清扫废料或者粉尘。建筑工程完工后，施工单位应及时拆除工地围墙、安全防护设施和其他临时设施，并将工地及四周环境清理干净、整洁。对于市政道路、管线敷设工程施工工地，应对余泥渣土采取围蔽、遮盖、洒水等防尘措施，当工程完工后，淤泥渣土和建筑材料须及时清理。

第二节 噪声、振动控制

一、噪声的危害与治理现状

1. 建筑施工噪声的特点及危害

建筑施工噪声是指在建筑施工过程中产生的干扰周围生活环境的声音，它是噪声污染的一项重要内容，对居民的生活和工作会产生重要的影响。

建筑施工噪声被视为一种无形的污染，它是一种感觉性公害，被称为城市环境“四害”之一。它具有以下特点：

(1) 普遍性。由于建筑工程的对象是城镇的各种场所及建筑物，城镇中，任何位置都可能成为施工现场。因此，任何地方的城镇居民都可能受到施工噪声的干扰。

(2) 突发性。由于建筑施工噪声是随着建筑作业活动的发生或某些施工设备的使用而出现的，因此对于城镇居民来说，是一种无准备的突发性干扰。

(3) 暂时性。建筑施工噪声的干扰随着建筑作业活动的停止而停止，因此是暂时性的。

此外，施工噪声还具有强度高、分布广、波动大、控制难等特点。

在《城市区域环境噪声标准》里，国家对城市区域环境噪声标准作了详细的规定，如表 2-3 所示。

我国城市 5 类环境噪声标准值(等效声级 LA_{eq}：dB) **表 2-3**

类 别	昼 间	夜 间
0	50	40
1	55	45
2	60	50
3	65	55
4	70	55

注：1. 表中，0 类标准适用于疗养区、高级别墅区、高级宾馆区等特别需要安静的区域，位于城郊和乡村的这一类区域分别按严于 0 类标准 5dB 执行；1 类标准适用于以居住、文教机关为主的区域，乡村居住环境可参照执行该类标准；2 类标准适用于居住、商业、工业混杂区；3 类标准适用于工业区；4 类标准适用于城市中的干线道路两侧区域，穿越城区的内河航道两侧区域。穿越城区的铁路主、次干线两侧区域的背景噪声(指不通过列车时的噪声水平)限值也行该类标准。

2. 夜间突发的噪声，其最大值不准超过标准值 15dB。

噪声对人体的影响是多方面的。研究资料表明：噪声在 50dB(A)以上开始影响睡眠和休息，特别是老年人和患病者对噪声更敏感；60dB 的突然噪声会使大部分熟睡者惊醒；70dB(A)以上干扰交谈，妨碍听清信号，造成心烦意乱、注意力不集中，影响工作效率，甚至发生意外事故；长期接触 90dB(A)以上的噪声，会造成听力损失和职业性耳聋，甚至影响其他系统的正常生理功能；175dB 的噪声可以致人死亡。而实际检测显示：建筑施工现场的噪声一般在 90dB 以上，甚至最高达到 130dB。由于噪声易造成心理恐惧以及对报警信号的遮蔽，它又常是造成工伤死亡事故的重要配合因素。这不能不引起人们的高度重视，如何控制和防治建筑施工噪声也成了一个刻不容缓的话题。

2. 施工噪声的主要成因

施工的不同阶段，使用各种不同的施工机械。根据不同的施工阶段，施工现场产生噪声的设备和活动包括：

(1) 土石方施工阶段：装载机、挖掘机、推土机、运输车辆等；

(2) 打桩阶段：打桩机、混凝土罐车等；

(3) 结构施工阶段：电锯、混凝土罐车、地泵、汽车泵、振捣棒、支拆模板、搭拆钢管脚手模板修理、外用电梯等。

(4) 装修及机电设备安装阶段：外用电梯、拆脚手架、石材切割、电锯等。

在《公路建设项目环境影响评价规范》所推荐的公路工程施工机械中，对环境影响较大的是推土机、压路机、装载机、挖掘机、混凝土搅拌机和自卸卡车、摊铺机等。这些机械产生的噪声会对操作人员和附近的人群产生心理(失眠等）和生理(血管收缩、听力受损等)上的影响，降低人们的工作效率。现在大多数正在作业的公路施工现场噪声一般在 90dB 以上，最高达到 130dB。公路施工中常用施工机械和设备正常运转时产生的噪声平均值见表 2-4。

施工机械和设备正常运转时的噪声值　　表 2-4

序　号	机械名称	运转平均噪声(dB)	测定方法
1	打桩机	91～105	10～30m 声流测定
2	挖掘机	84	
3	推土机	78	
4	冲击或钻井机	81	
5	搅拌机	73～84	
6	摊铺机	76～81	
7	压路机	75～80	
8	平地机	74	

目前，城市建筑施工噪声的形成主要有以下几个原因：

(1) 施工设备陈旧落后

部分施工单位受经济因素制约，施工过程中使用简易、陈旧、质量低劣或技术落后的施工设备，导致施工时噪声严重超标。如一些单位使用的转盘电锯，噪声高达 90dB，某些打桩机，噪声高达 115dB。

(2) 施工设备的安置不合理

一些施工单位对电锯、混凝土搅拌机等噪声大的施工设备安置于不合理的位置，导致施工中产生的噪声影响周围居民的正常生活。

(3) 缺少必要的降噪手段

一些施工单位将噪声极大的设备露天安置，不采取任何防噪、降噪措施，致使这些设备产生的噪声超出规范要求。

(4) 夜间施工

一些施工单位为提高工程进度，进行夜间施工，严重的影响附近居民的正常生活秩序。

3. 治理现状

国家环保总局根据《中华人民共和国噪声污染防治法》并结合各地区的实际，对建筑施工噪声管理，作了具体的规定，主要内容包括：

(1) 在城市市区范围内在周围生活环境产生建设施工噪声的项目，应当符合国家规定的建筑施工场界环境噪声排放标准。不同施工阶段作业噪声限值如表 2-5 所示。

不同施工阶段作业噪声限值(等效声级 LA_{eq}：dB) **表 2-5**

施工阶段	主要噪声源	噪声限制	
		昼间	夜间
土石方	推土机、挖掘机、装载机等	75	55
打桩	各种打桩机等	85	禁止施工
结构	混凝土、振捣棒、电锯等	70	55
装修	吊车、升降机等	62	55

注：1. 表中所列噪声值是指与敏感区域相应的建筑施工场地边界线处的限值。
2. 如有几个施工阶段同时进行，以高噪声阶段的限值为准。

(2) 施工前，在工程投标时，应将建筑施工噪声的管理措施列为施工组织设计内容，并科学规定工程期限。在城市市区范围内，建筑施工过程中，如果使用的机械设备可能产生噪声污染，施工单位必须在工程开工 15 日以前向工程所在地县级以上地方人民政府环境保护行政主管部门申报该工程的项目名称、施工场所和期限、可能产生的环境噪声值以及采取防治措施的情况。

(3) 为了方便公众监督，施工时，施工单位应该在施工时将建筑施工工地环保牌悬挂在施工工地显著位置，并在环保牌上注明工地环保负责人及工地现场电话号码。若噪声排放超标，施工单位应采取积极有效措施，使噪声污染满足国家要求。否则，按国家规定缴纳超标排放费。

(4) 严格控制夜间施工。有条件的情况下，禁止夜间在居民区、医疗区、科研文教区等噪声敏感物集中区域内进行产生环境噪声污染的建筑施工作业。否则，应限制噪声的强度。规范规定，确因施工工艺要求或特殊需要，必须夜间连续作业的施工工艺应在 5 个工作日前提出申请，经市建设部门预审，所在地的区环保局批准后实施。经批准的夜间施工工地，应在夜间施工 3 个工作日前，公告工地周围的居民和单位。

(5) 市区范围内，应要求所有建设工程应使用商品混凝土，且应使用混凝土灌注桩和静压桩等低噪声工艺。

此外，对违反噪声污染防治法规定的施工单位，由环保部门给予处罚，情节严重的，将在新闻媒体曝光，直至建议建设部门吊销建筑施工许可证。这些违反噪声污染的行为包括：拒报或者谎报噪声排放事项，不按国家规定缴纳超标排污费，拒绝环保部门现场检查或者被检查时弄虚作假，夜间进行明文禁止的产生环境噪声污染。

二、建筑施工噪声与控制

《绿色施工导则》中明确规定：施工现场噪声排放不得超过国家标准《施工场界噪声限值》(GB 12523—90)的规定。因此，要使噪声排放量达到规定要求的话，就在施工过程中的控制措施。

1. 从声源上控制噪声，这是防止噪声污染最根本的措施

(1) 尽量选用低噪声设备和工艺代替高噪声设备与加工工艺。在施工过程中选用低噪声搅拌机、钢筋夹断机、振捣器、风机、电动空压机、电锯等设备。例如液压打桩机，在距离15m处实测噪声级仅为50dB，低噪声搅拌机、钢筋夹断机与旧搅拌机和钢筋切割机相比，声源噪声值可降低10dB，可使施工场界严重超标点位的噪声降低3～6dB。同时还需要对落后的施工设备进行淘汰。施工中采用低噪声新技术效果明显，例如，在桩施工中改变垂直振打的施工工艺为螺旋、静压、喷注式打桩工艺。以焊接代替铆接，用螺栓代替铆钉等，使噪声在施工中加以控制。钢管切割机和电锯等小型设备通常用于脚手架搭设和模板支护，为了消减其噪声，一方面优化施工方案，改用定型组合模板和脚手架等，从而避免对钢管和模板的切割，同时也降低了施工成本。另一方面，可将其移至地下室等隔声处，避免对周边的干扰。同样在制作管道时，也采用相应的方式。

(2) 采取隔声与隔振措施，避免或减少施工噪声和振动。对施工设备采取降噪声措施，通常在声源附近安装消声器消声。消声器是防治空气动力性噪声的主要设备，它适用于气动机械，其消声效果为10～50dB(A)。通常将消声器设置在通风机、鼓风机、压缩机、燃气轮机、内燃机等各类排气放空装置的进出风管的适当位置。常用的消声器有阻性消声器、抗性消声器、阻抗复合消声器、穿微孔板消声器等。为了经济合理起见，选用消声器种类与所需消声量，噪声源频率特征和消声器的声学性能及空气动力特征等因素有关。

2. 在传播途径上控制噪声

(1) 吸声。吸声是利用吸声材料(如玻璃棉、矿渣面、毛毡、泡沫塑料、吸声砖、木丝板、干蔗板等)和吸声结构(如穿孔共振吸声结构、微穿孔板吸声结构、薄板共振吸声结构等)吸收周围的声音，通过降低室内噪声的反射来降低噪声。

(2) 隔声。隔声的原理是声衍射，在正对噪声传播的路径上，设立一道尺度相对声波波长足够大的隔声墙来隔声。常用的隔声结构有隔声棚、隔声间、隔声机罩、隔声屏等。从结构上分有单层隔声和双层隔声结构两种。由于隔声性能遵从“质量定律”，密实厚重的材料是良好的隔声材料，如砖、钢筋混凝土、钢板、厚木板、矿棉被等。由于隔声屏障具有效果好、应用较为灵活和比较廉价的优点，目前已被广泛应用于建筑施工噪声的控制上。例如在打桩机、搅拌机、电锯、振捣棒等强噪声设备周围设临时隔声屏障(木板)，可降噪约 15dB(A)。

(3) 隔振。隔振，就是防止振动能量从振源传递出去。隔振装置主要包括金属弹簧、隔振器、隔振垫(如剪切橡皮、气垫) 等。常用的材料还有软木、矿渣棉、玻璃纤维等。

(4) 阻尼。阻尼就是用内摩擦损耗大的一些材料来消耗金属板的振动能量并变成热能散失掉，从而抑制振动，致使辐射噪声大幅度地消减。常用的阻尼材料有沥青、软橡胶和其他高分子涂料等。

3. 合理安排与布置施工

(1) 合理安排施工时间，除特殊建筑项目经环保部门批准外，一般项目，当对周围环境有较大影响时，应该采取夜间不施工。对于设备自身消除噪声比较困难，例如土方中的大型设备如挖掘机、推土机等，在施工中应采用合理安排作业时间的方法，而且在工作区域周边通过搭设隔声防振结构等方法消减对周边的影响。

(2) 合理布置施工场地。根据声波衰减的原理，可将高噪声设备尽量远离噪声敏感区。如某施工工地，两面是居民住宅，一面是商场，一面是交通干线，可将高噪声设备设置在交通干线一侧，其余的可靠近商场一侧，尽可能远离两面的居民点。这样高噪声设备声波经过一定距离的衰减，在施工场界噪声测量时测量两个居民点和一个商场敏感点，降低施工场界噪声 6dB 以上。又例如，施工边界四周都是敏感点，但与施工场界的距离有远有近，可将高噪声设备设置在离敏感点较远的一侧，同时尽可能将设备靠近工地有利于降低施工场界噪声，这样既可避免设备离敏感点过近，又保证声波在开阔地扩散衰减。

4. 使用成型建筑材料

大多数施工单位都是在施工现场切割钢筋加工钢筋骨架，一些施工场界较小，施工期较长的大型建筑，应选在其他地方将钢筋加工好运到工地使用。还有一些施工单位在施工场界内做水泥横梁和槽形板，造成施工场界噪声严重超标，若选用加工成型的建筑材料或异地加工成型后再运至工地，这样可大大降低施工场界噪声。

5. 严格控制人为噪声

进入施工现场不得高声叫喊，不得无故甩打模板、乱吹哨，限制高音喇叭的使用，最大限度地减少噪声扰民。模板、脚手架钢管的拆、立、装、卸要做到轻拿轻放，上下、前后有人传递，严禁抛掷。另外，所有施工机械、车辆必须定期保养维修，并在闲置时关机以免发出噪声。

6. 施工场界对噪声进行实时监测与控制

监测方法执行国家标准《建筑施工场界噪声测量方法》(GB 12524—90)。

第三节 光 污 染 控 制

一、城市光污染的来源

光污染是新近意识到的一种环境污染，这种污染通过过量的或不适当的光辐射对人类生活和生产环境造成不良影响。它一般包括白亮污染、人工白昼污染和彩光污染。有时人们按光的波长分为红外光污染、紫外光污染、激光污染及可见光污染等。

“光污染”已成为一种新的城市环境污染源，正严重威胁着人类的健康。城市建设中光污染的主要来源于建筑物表面釉面砖、磨光大理石、涂料，特别是玻璃幕墙等装饰材料形成的反光；随着夜景照明的迅速发展，特别是大功率高强度气体放电(HID)光源的广泛采用，使夜景照明亮度过高，形成了“人工白昼”；施工过程中，夜间施工的照明灯光及施工中电弧焊、闪光对接焊工作时发出的弧光等也是光污染的重要来源。

二、光污染的危害

光污染虽未被列入环境防治范畴，但它的危害认识越来越清晰，这种危害在日益加重和蔓延。在城市中玻璃幕墙不分场合的滥用，对人员、环境及天文观察造成一定的危害，成为建筑光学急需研究解决的问题。随着我国基础建设的增加，为了赶进度，夜间施工越来越多。光污染的危害主要表现在：

首先，光的辐射及反射污染严重影响交通。街上和交通路口一幢幢大厦幕墙，就像一面面巨大的镜子在阳光下对车辆和红绿灯进行反射，光进入快速行驶的车内造成人突发性暂时失明和视力错觉，瞬间遮挡司机视野，令人感到头晕目眩，危害行人和司机的视觉功能而造成交通事故。建在居住小区的玻璃幕墙给周围居民生活也带来不少麻烦，通常幕墙玻璃的反射光比太阳光更强烈，刺目的强烈光线破坏了室内原有的气氛，使室温增高，影响到正常的生活。在长时间白色光亮污染环境下生活和工作，容易使人产生头昏目眩、失眠、心悸、食欲下降、心绪低落、神经衰弱及视力下降等病症造成人的正常生理及心理发生变化，长期照射会诱使某些疾病加重。玻璃幕墙光洁的丽质容易污染，尤其是大气含尘量多、空气污染严重、干燥少雨的北方广大地区玻璃蒙尘纳垢难看，有碍市容。此外，由于一些玻璃幕墙材质低劣、施工质量差、色泽不均匀、波纹各异，光反射形成杂乱漫射，这样的建筑物外形只能使人感到光怪离奇，形成更严重的视觉污染。

其次，土木工程中钢筋焊接工作量较大，焊接过程中产生的强光会对人造成极大的伤害。电焊弧光主要包括红外线、可见光和紫外线，这些都属于热线谱。焊接电弧温度在3000℃时，其辐射波长小于290mμm；温度在3200℃时，其辐射波长小于230mμm。当这些光辐射作用在人体上时，机体组织便会吸收，引起机体组织热作用、光化学作用或电离作用，导致人体组织内发生急性或慢性的损伤。红外线对人体的危害主要是引起组织的热作用。在焊接过程中，如果眼部受到强烈的红外线辐射，便会立即感到强烈的灼伤和灼痛，发生闪光幻觉。长期接触可能造成红外线白内障、视力减退，严重时可导致失明。电焊弧光的可见光线的强度大约是肉眼正常承受的光度大约一万倍，当可见光线辐射人的眼睛时，会产生疼痛感，看不清东西，在短时间内失去劳动能力。电焊弧光中的紫外线对人体的危害主要是光化学作用，对人体皮肤和眼睛造成损害。皮肤受到强烈的紫外线辐射后，可引起皮炎，弥漫性红斑，有时出现小水泡、渗出液，有烧灼感，发痒症状。如果这种作用强烈时伴有全身症状：头痛、头晕、易疲劳、神经兴奋、发烧、失眠等。紫外线过度照射人的眼睛，可引起眼睛急性角膜和结膜炎，即电光眼炎。这种现象通常不会立刻表现出来，多数被照射后 4～12 天发病，其症状是出现两眼高度羞明、流泪、异物感、刺痛、眼睑红肿、痉挛并伴有头痛和视物模糊。

另外，由于我国基础建设迅速开展，为了赶工期，夜间施工非常平凡。施工机具的灯光及照明设施在晚上会造成强烈的光污染。据美国一份最新的调查研究显示，夜晚的华灯造成的光污染已使世界上 1/5 的人对银河系视而不见。这份调查报告的作者之一埃尔维奇说："许多人已经失去了夜空，而正是我们的灯火使夜空失色"。他认为，现在世界上约有 2/3 的人生活在光污染里。在远离城市的郊外夜空，可以看到两千多颗星星，而在大城市却只能看到几十颗。可见，视觉环境已经严重威胁到人类的健康生活和工作效率，每年给人们造成大量损失。为此，关注视觉污染，改善视觉环境，已经刻不容缓。

三、光污染的预防与治理

城市的"光污染"问题在欧美和日本等发达国家早已引起人们的关注，在多年前就开始着手治理光污染。随着"光污染"的加剧，我国在现阶段应该大力宣传"光污染"的危害，以便引起有关领导和人民群众的重视，在实际工作中来减少或避免"光污染"。

(1) 防治光污染，是一项社会系统工程。由于我国长期缺少相应的污染标准与立法，因而不能形成较完整的环境质量要求与防范措施。需要有关部门制订必要的法律和规定，采取相应的防护措施。而且应组织技术力量对有代表性的"光污染"进行调查和测量，摸清"光污染"的状况，并通过制定具体的技术标准来判断是否造成光污染。在施工图审查时就需要考虑"光污染"的问题。总结出防治光污染的措施、办法、经验和教训，尽快地制定我国防治"光污染"的标准和规范是当前的一项迫切任务。

(2) 尽量避免或减少施工过程中的光污染。在施工中，灯具的选择应以日光型为主，尽量减少射灯及石英灯的使用。夜间室外照明灯加设灯罩，透光方向集中在施工范围。

(3) 在施工组织计划时，应将钢筋加工场地设置在距居民和工地生活区较远的地方。若没有条件，应设置采取遮挡措施，如遮光围墙等，以避免电焊作业时，消除和减少电焊弧光外泄及电器焊等发出的亮光，还可选择在白天阳光下工作等施工措施来解决这些问题。在规范允许的情况下尽量采用套筒连接。

第四节 水污染控制

水污染，是指水体因某种物质的介入，而导致其化学、物理、生物或者放射性等方面特性的改变，从而影响水的有效利用，危害人体健康或者破坏生态环境，造成水质恶化的现象。

施工现场产生的污水主要包括雨水、污水(又分为生活和施工污水）两类。在施工过程中产生的大量污水，如没有经过适当处理就排放，便会污染河流、湖泊、地下水等水体，直接、间接的危害这些水体重大生物，最终危害人类及我们的环境。

本节通过目前水污染的现状及建筑施工对地下水资源的影响，深入讨论绿色施工中应对水污染的方法措施。

一、建筑基础施工对地下水资源的影响

1. 我国地下水现状

地表下土层或岩层中的水称为地下水，地下水通常以液态水形态存在。当温度低于0℃时，液态水转化为固态水。地下水按照其埋藏条件可分为上层滞水、潜水和承压水；按照含水介质类型可分为孔隙水、裂隙水、岩溶水。全球淡水资源仅占水资源总量的3%，77.2%的淡水资源存在于冰川，22.4%为地下水和土壤水，地表水占0.5%。因此，全球能够供人类使用的淡水资源十分有限。地下水是人类可以利用的分布最广泛的淡水资源，已经成为城市特别是干旱、半干旱地区的主要供水水源。

但是，近几年地下水环境的污染越来越严重。仅在2004年，全国平原区浅层地下水中约有24.28%的面积受到不同程度的人为污染，面积约达$50\times104km^2$，其中轻污染区(Ⅳ类)占11.95%，重污染区(Ⅴ类)占12.33%。其中太湖流域、淮河、辽河、海河污染最为严重，其污染面积合计占全国污染面积的45%，分别占其平原区浅层地下水评价面积的90.14%、52.11%、46.1%和43.75%。

2. 建筑施工对地下水资源的影响

造成地下水资源污染的原因很多。其中，建筑施工对地下水的影响绝对是不容忽视的。

首先，施工期的水质污染主要来自于雨水冲刷和扬尘进入河水，从而增加了水中悬浮物浓度，污染地表水质。施工期间路面水污染物产生量与降水强度、次数、历时等有关。因建筑材料裸露，降雨时地表径流带走的污染物数量比营运期多，主要污染物是悬浮物、油类和耗氧类物质。土木工程在施工过程中，会挖出大量的淤泥和钻渣，如果直接排入水体或堆弃在田地上，会使水体混浊度增加，同时占压田地。施工期间对水体的油污染主要来自机械、设备的操作失误导致用油的溢出、储存油的泵出、盛装容器残油的倒出、修理过程中废油及洗涤油污水的倒出、机械运转润滑油的倒出等。这些物质若直接排入水体后便形成了水环境中的油污染。施工区内有毒的物质、材料，如沥青、油料、化学品等如保管不善被雨水冲刷进入水体，便会造成较大污染。路面铺设阶段，各种含沥青的废水和路面地表径流进入水体，对地表水存在一定影响。再加上施工区人员集中，会产生较多的生活污水，如果这些生活污水未经处理直接排入附近水体，或渗入地下，将对水源的使用功能产生较大影响。

其次，城市的地下工程的发展及城市的基础工程施工也会对地下水资源产生不利影响。如果在工程施工中不注重对地下水资源的保护和监测，地下水资源将会遭受严重的流失和污染，对经济的发展和生活环境造成巨大的负面影响。譬如对于大型工程来说，随着基础埋置深度也越来越深，基坑开挖深度的增加不可避免地会遇到地下水。由于地下水的毛细作用、渗透作用和侵蚀作用均会对工程质量有一定影响，所以必须

在施工中采取措施解决这些问题。通常的解决办法有以下两种，即降水和隔水。降水对地下水的影响通常要强于隔水对地下水的影响。降水是强行降低地下水位至施工底面以下，使得施工在地下水位以上进行，以消除地下水对工程的负面影响。该种施工方法不仅造成地下水大量流失，改变地下水的径流路径，还由于局部地下水位降低，邻近地下水向降水部位流动，地面受污染的地表水会加速向地下渗透，对地下水造成更大的污染。更为严重的是由于降水局部形成漏斗状，改变了周围土体的应力状态，可能会使降水影响区域内的建筑物产生的不均匀沉降，使周围建筑或地下管线受到影响甚至破坏，威胁人们的生命安全。另外，由于地下水的动力场和化学场发生变化，便会引起地下水中某些物理化学组分及微生物含量发生变化，导致地下水内部失去平衡，从而使污染加剧。另外，施工中为改善土体的强度和抗渗能力所采取的化学注浆，施工产生的废水、洗刷水、废浆以及机械漏油等，都可能影响地下水质。

二、施工现场的污水处理办法

在现阶段，我国相关建设部门针对施工现场的污水也以采取了一定的处理办法，如下：

(1) 污水排放单位应委托有资质的单位进行废水水质检测，提供相应的污水检测报告。

(2) 保护地下水环境。采用隔水性能好的边坡支护技术。在缺水地区或地下水位持续下降的地区，基坑降水尽可能少地抽取地下水；当基坑开挖抽水量大于 50 万 m^3 时，应进行地下水回灌，并避免地下水被污染。

(3) 工地厕所的污水应配置三级无害化化粪池，不接市政管网的污水处理设施；或使用移动厕所，由相关公司处理。

(4) 工地厨房的污水有大量的动、植物油，动、植物油必须先除去才可排放，否则将使水体中的生化需氧量增加，从而使水体发生富营养化作用，这对水生物将产生极大的负面影响，而动植物油凝固并混合其他固体污物更会对公共排水系造成阻塞及破坏。一般工地厨房污水应使用三级隔油池隔除油脂。常见的隔油池有两个隔间并设多块隔板，当污水注入隔油池时，水流速度减慢，使污水里较轻的固体及液体油脂和其他较轻废物浮在污水上层并被阻隔停留在隔油池里，而污水则由隔板底部排出。西方发达国家已经采用微生物污水处理技术处理污水，降低污水的化学需氧量、生化需氧量，在我国尚处于起步阶段。

(5) 凡在现场进行搅拌作业的，必须在搅拌机前台设置沉淀池，污水流经沉淀池沉淀后，可进行二次使用。对于不能二次使用的施工污水，经沉淀池沉淀后方可排入市政污水管道。建筑工程污水包括地下水、钻探水等，含有大量的泥沙和悬浮物。一般可采用三级沉降池进行自然沉降，污水自然排放，大量淤泥需要人工清除可以取得一定的效果。在发达国家通常采用沉淀剂和酸碱中和配合处理工地的污水。

(6) 对于化学品等有毒材料、油料的储存地，应有严格的隔水层设计，同时做好渗漏液收集和处理。对于机修含油废水一律不直接排入水体，集中后通过油水分离器处理，出水中的矿物油浓度需要达到 5mg/L 以下，对处理后的废水进行综合利用。

三、水污染的控制指标及防治措施

1. 水污染的控制指标

(1) 临时驻地污水处理率。临时驻地离城区通常较远，污水主要为生活污水，无法排入城市污水处理系统。环境监理应控制施工单位在临时驻地的污水处理率，应要求施工单位在临时营地设置简单的污水处理设施，通常为化粪池，处理达标后排放，以保护沿线的水资源。临时驻地污水处理率＝污水处理设施日处理量/临时营地日产污水量×100％。

(2) 施工废水处理率。施工废水主要为拌合站、预制场冲洗砂石物料废水和隧道施工废水等，其固体悬浮物较高，并经过碱性材料污染，酸碱度较高。因此，施工废水要经过必要的处理达标后方可排放。环境监理要严格控制施工废水处理率，作为水环境保护措施的重要考核指标。施工废水处理率＝施工废水达标排放量/施工废水产生量×100％。

(3) 单项水质参数。主要是对水环境质量进行评价控制，环境监理根据其抽测结果和环境监测站的定点监测结果，依据相应的标准，进行评价。水质参数的标准型指数单元大于“1”，表明该水质参数超过了规定的水质标准。

$$I_i = C_i / S_i$$

式中 C_i——某一质量参数的监测统计浓度；

S_i——某一质量参数的评价标准。

其监测采样点应按第一、二类污染物排放口的规定设置，在排放口必须设置排放口标志、污水水量计量装置和污水比例采样装置。污水按生产周期确定监测频率。生产周期在8h以内的，每2h采样一次；生产周期大于8h的，每4h采样一次；其他污水采样：24h不少于2次，最高允许排放浓度按日均值计算。采用的测定方法见表2-8。

2. 防治措施

以《绿色施工导则》为中心，以《水污染防治法》为依据，针对施工中水污染的现状特提出以下几项具体防治措施：

(1) 施工现场污水排放应达到国家标准《污水综合排放标准》(GB 8978—1996)的要求。即污染物的排放标准要符合表2-6、表2-7中的有关规定。

第一类污染物最高允许排放浓度(mg/L) **表2-6**

序号	污染物	最高允许排放浓度	序号	污染物	最高允许排放浓度
1	总汞	0.05	8	总镍	1.0
2	烷基汞	不得检出	9	苯并(a)芘	0.00003
3	总镉	0.1	10	总铍	0.005
4	总铬	1.5	11	总银	0.5
5	六价铬	0.5	12	总α放射性	1Bq/L
6	总砷	0.5	13	总β放射性	10Bq/L
7	总铅	1.0			

第二类污染物最高允许排放浓度(mg/L) 表 2-7

序号	污染物	适用范围	一级标准	二级标准	三级标准
1	pH	一切排污单位	6 ~9	6~9	6 ~9
2	色度(稀释倍数)	染料工业	50	180	—
		其他排污单位	50	80	—
3	悬浮物(ss)	采矿选矿选煤工业	70	300	—
		脉金选矿	70	400	—
		边远地区砂金选矿	70	800	—
		城镇二级污水处理厂	20	30	—
		其他排污单位	70	150	400
4	五日生化需氧量(BOD_5)	甘蔗制糖苎麻脱胶湿法纤维板染料洗毛工业	20	60	600
		甜菜制糖酒精味精皮革化纤浆粕工业	20	100	600
		城镇二级污水处理厂	20	30	—
		其他排污单位	20	30	300
5	化学需氧量(COD)	甜菜制糖合成脂肪酸湿法纤维板染料选毛有磷农药工业	100	200	1000
		味精酒精医药原料药生物化工苎麻脱胶皮革化纤浆粕工业	100	300	1000
		石油化工工业包括石油炼制	60	120	500
		城镇二级污水处理厂	60	120	—
		其他排污单位	100	150	500
6	石油类	一切排污单位	5	10	20
7	动植物油	一切排污单位	10	15	100
8	挥发酚	一切排污单位	0.5	0.5	2.0
9	总氰化合物	一切排污单位	0.5	0.5	1.0
10	硫化物	一切排污单位	1.0	1.0	1.0
11	氨氮	医药原料药染料石油化工工业	15	50	—
		其他排污单位	15	25	
12	氟化物	黄磷工业	10	15	20
		低氟地区(水体含氟量<0.5mg/L)	10	20	30
		其他排污单位	10	10	20
13	磷酸盐(以P计)	一切排污单位	0.5	1.0	
14	甲醛	一切排污单位	1.0	2.0	5.0
15	苯胺类	一切排污单位	1.0	2.0	5.0
16	硝基苯类	一切排污单位	2.0	3.0	5.0
17	阴离子表面活性剂(LAS)	一切排污单位	5.0	10	20
18	总铜	一切排污单位	0.5	1.0	2.0
19	总锌	一切排污单位	2.0	5.0	5.0
20	总锰	合成脂肪酸工业	2.0	5.0	5.0
		其他排污单位	2.0	2.0	5.0

续表

序号	污染物	适用范围	一级标准	二级标准	三级标准
21	彩色显影剂	电影洗片	1.0	2.0	3.0
22	显影剂及氧化物总量	电影洗片	3.0	3.0	6.0
23	元素磷	一切排污单位	0.1	0.1	0.3
24	有机磷农药以P计	一切排污单位	不得检出	0.5	0.5
25	乐果	一切排污单位	不得检出	1.0	2.0
26	对硫磷	一切排污单位	不得检出	1.0	2.0
27	甲基对硫磷	一切排污单位	不得检出	1.0	2.0
28	马拉硫磷	一切排污单位	不得检出	5.0	10
29	五氯酚及五氯酚钠以五氯酚计	一切排污单位	5.0	8.0	10
30	可吸附有机卤化物(AOX)(以Cl计)	一切排污单位	1.0	5.0	8.0
31	三氯甲烷	一切排污单位	0.3	0.6	1.0
32	四氯化碳	一切排污单位	0.03	0.06	0.5
33	三氯乙烯	一切排污单位	0.3	0.6	1.0
34	四氯乙烯	一切排污单位	0.1	0.2	0.5
35	苯	一切排污单位	0.1	0.2	0.5
36	甲苯	一切排污单位	0.1	0.2	0.5
37	乙苯	一切排污单位	0.4	0.6	1.0
38	邻-二甲苯	一切排污单位	0.4	0.6	1.0
39	对-二甲苯	一切排污单位	0.4	0.6	1.0
40	间-二甲苯	一切排污单位	0.4	0.6	1.0
41	氯苯	一切排污单位	0.2	0.4	1.0
42	邻二氯苯	一切排污单位	0.4	0.6	1.0
43	对二氯苯	一切排污单位	0.4	0.6	1.0
44	对硝基氯苯	一切排污单位	0.5	1.0	5.0
45	2，4-二硝基氯苯	一切排污单位	0.5	1.0	5.0
46	苯酚	一切排污单位	0.3	0.4	1.0
47	间-甲酚	一切排污单位	0.1	0.2	0.5
48	2，4-二氯酚	一切排污单位	0.6	0.8	1.0
49	2，4，6-三氯酚	一切排污单位	0.6	0.8	1.0
50	邻苯二甲酸二丁酯	一切排污单位	0.2	0.4	2.0
51	邻苯二甲酸二辛酯	一切排污单位	0.3	0.6	2.0
52	丙烯腈	一切排污单位	2.0	5.0	5.0
53	总硒	一切排污单位	0.1	0.2	0.5
54	粪大肠菌群数	医院*兽医院及医疗机构含病原体污水	500个/L	1000个/L	5000个/L
		传染病结核病医院污水	100个/L	500个/L	1000个/L
55	总余氯(采用氯化消毒的医院污水)	医院*兽医院及医院疗机构含病原体污水	<0.5**	>3(接触时间≥1h)	>2(接触时间≥1h)
		传染病结核病医院污水	<0.5**	>6.5(接触时间≥1.5h)	>5(接触时间≥1.5h)

续表

序号	污染物	适 用 范 围	一级标准	二级标准	三级标准
56	总有机碳(TOC)	合成脂肪酸工业	20	40	—
		苎麻脱胶工业	20	60	—
		其他排污单位	20	30	—

注：1. * 指 50 个床位以上的医院。
2. ** 指加氯消毒后须进行脱氯处理，达到本标准。
3. 其他排污单位指除在该控制项目中所列行业以外的一切排污单位。

(2) 施工期间做好地下水监测工作，监控地下水变化趋势。在施工现场应针对不同的污水，设置相应的处理设施，如沉淀池、隔油池、化粪池等，并与市政管网连接。且不能二次使用的施工污水，经沉淀池沉淀后方可排入市政污水管道。

(3) 污水排放应委托有资质的单位进行废水水质检测，提供相应的污水检测报告。其污染物的测定方法应符合表 2-8 的规定。

污染物测定方法 **表 2-8**

序号	项 目	测 定 方 法	方 法 来 源
1	总汞	冷原子吸收光度法	GB 7468—87
2	烷基汞	气相色谱法	GB/T 14204—93
3	总镉	原子吸收分光光度法	GB 7475—87
4	总铬	高锰酸钾氧化-二苯碳酰二肼分光光度法	GB 7466—87
5	六价铬	二苯碳酰二肼分光光度法	GB 7467—87
6	总砷	二乙基二硫代氨基甲酸银分光光度法	GB 7485—87
7	总铅	原子吸收分光光度法	GB 7485—87
8	总镍	火焰原子吸收分光光度法	GB 11912—89
		丁二酮肟分光光度法	GB 19910—89
9	苯并(a)芘	纸层析-荧光分光光度法	GB 5750—85
		乙酰化滤纸层析荧光分光光度法	GB 11895—89
10	总铍	活性炭吸附一铬天菁 S 光度法	1)
11	总银	火焰原子吸收分光光度法	GB 11907—89
12	总 α	物理法	2)
13	总 β	物理法	2)
14	pH 值	玻璃电极法	GB 6920—86
15	色度	稀释倍数法	GB 11903—89
16	悬浮物	重量法	GB 11901—89
17	生化需氧量(BOD_5)	稀释与接种法	GB 7488—87
		重铬酸钾紫外光度法	待颁布
18	化学需氧量(COD)	重铬酸钾法	GB 11914—89
19	石油类	红外光度法	GB/T 16488—1996
20	动植物油	红外光度法	GB/T 16488—1996
21	挥发酚	蒸馏后用 4-氨基安替比林分光光度法	GB 7490—87

续表

序号	项 目	测定方法	方法来源
22	总氰化物	硝酸银滴定法	GB 7486—87
23	硫化物	亚甲基蓝分光光度法	GB/T 16489—1996
24	氨氮	蒸馏和滴定法	GB 7478—87
25	氟化物	离子选择电极法	GB 7484—87
26	磷酸盐	钼蓝比色法	1)
27	甲醛	乙酰丙酮分光光度法	GB 13197—91
28	苯胺类	N-(1-萘基)乙二胺偶氮分光光度法	GB 11889—89
29	硝基苯类	还原-偶氮比色法或分光光度法	1)
30	阴离子表面活性剂	亚甲蓝分光光度法	GB 7494—87
31	总铜	原子吸收分光光度法	GB 7475—87
		二乙基二硫化氨基甲酸钠分光光度法	GB 7474—87
32	总锌	原子吸收分光光度法	GB 7475—87
		双硫腙分光光度法	GB 7472—87
33	总锰	火焰原子吸收分光光度法	GB 11911—89
		高碘酸钾分光光度法	GB 11906—89
34	彩色显影剂	169 成色剂法	3)
35	显影剂及氧化物总量	碘-淀粉比色法	3)
36	元素磷	磷钼蓝比色法	3)
37	有机磷农药以 P 计	有机磷农药的测定	GB 13192—91
38	乐果	气相色谱法	GB 13192—91
39	对硫磷	气相色谱法	GB 13192—91
40	甲基对硫磷	气相色谱法	GB 13192—91
41	马拉硫磷	气相色谱法	GB 13192—91
42	五氯酚及五氯酚钠(以五氯酚计)	气相色谱法	GB 8972—88
		藏红 T 分光光度法	GB 9803—88
43	可吸附有机卤化物(AOX)(以 Cl 计)	微库仑法	GB/T 15959—95
44	三氯甲烷	气相色谱法	待颁布
45	四氯化碳	气相色谱法	待颁布
46	三氯乙烯	气相色谱法	待颁布
47	四氯乙烯	气相色谱法	待颁布
48	苯	气相色谱法	GB 11890—89
49	甲苯	气相色谱法	GB 11890—89
50	乙苯	气相色谱法	GB 11890—89
51	邻-二甲苯	气相色谱法	GB 11890—89
52	对-二甲苯	气相色谱法	GB 11890—89
53	间-二甲苯	气相色谱法	GB 11890—89
54	氯苯	气相色谱法	待颁布

续表

序号	项 目	测定方法	方法来源
55	邻二氯苯	气相色谱法	待颁布
56	对二氯苯	气相色谱法	待颁布
57	对硝基氯苯	气相色谱法	GB 13194—91
58	2，4-二硝基氯苯	气相色谱法	GB 13194—91
59	苯酚	气相色谱法	待颁布
60	间-甲酚	气相色谱法	待颁布
61	2，4-二氯酚	气相色谱法	待颁布
62	2，4，6-三氯酚	气相色谱法	待颁布
63	邻苯二甲酸二丁酯	气相液相色谱法	待颁布
64	邻苯二甲酸二辛酯	气相液相色谱法	待颁布
65	丙烯晴	气相色谱法	待颁布
66	总硒	2，3-二氨基萘荧光法	GB 11902—89
67	粪大肠菌群数	多管发酵法	1)
68	余氯量	N，N-二乙基-1，4-苯二胺分光光法	GB 11898—89
		N，N-二乙基-1，4-苯二胺滴定法	GB 11897—89
69	总有机碳（TOC）	非色散红外吸收法	待制定
		直接紫外荧光法	待制定

注：暂采用下列方法，待国家方法标准发布后，执行国家标准。
1)《水和废水监测分析方法(第三版)》，中国环境科学出版社，1989 年。
2)《环境监测技术规范(放射性部分)》，国家环境保护局。
3) 详见该标准附录 D。

(4) 保护地下水环境。采用隔水性能好的边坡支护技术。在缺水地区或地下水位持续下降的地区，基坑降水尽可能少地抽取地下水；当基坑开挖抽水量大于 50 万 m^3 时，应进行地下水回灌，同时避免地下水被污染。

(5) 对于化学品等有毒材料、油料的储存地，应有严格的隔水层设计，并做好渗漏液收集和处理。

(6) 施工前做好水文地质、工程地质勘察工作，并进行必要的抽水实验或计算，以正确估计可能的涌水量，漏斗降深及影响范围。

(7) 施工过程中，观测周围地表沉降，以免引起不均匀沉降，影响周围建筑物、构筑物以及地下管线的正常使用和危害人民生命财产安全。

(8) 施工现场产生的污水不能随意排放，不能任其流出施工区域污染环境。

第五节 土 壤 保 护

一、土地资源的现状

地理环境的组成要素是指位于地球陆地表面，包括具有浅层水地区的具有肥力、能生长植物的疏松层，由矿物质、有机质、水分和空气等物质组成，是一个非常复杂的系统。

从资源经济学角度来看，土地资源都是人类发展过程中必不可少的资源，而我国土地资源的现状是：(1)人口膨胀致使城市化的进程进一步的加快，也在一步步地侵蚀和毁灭土壤的肥力；(2)过度过滥使用农药化肥，使土壤质量急剧下降；(3)污水灌溉、污泥肥田、固体废物和危险废物的土壤填埋、土壤的盐碱化、土地沙漠化对土壤的污染和破坏显见又难以根治。西部地区(特别是西北地区)土壤退化与土壤污染状况非常严重，仅西北五省及内蒙古自治区的荒漠化土地面积就超过212.8万平方公里，已占全国荒漠化面积的81%，其中重度荒漠化土地就有102万平方公里。目前我国受污染的耕地近2000万平方公顷，约占耕地面积的1/5。因此，土壤的完全退化与破坏是生态难民形成的重要原因。

基于上述因素，对于土壤的保护应该说是非常迫切的。然而，发达国家从20世纪五六十年代就开始有了有关农业的立法及相关土壤保护的法规；现在有一些国家也制定了土壤环境保护的专项法，如日本、瑞典。而我国现行法律对土壤的保护注重的仅仅只是其经济利益的可持续性，而对作为环境要素的土壤保护是很不够的。

二、土壤保护的措施

当然，制约土壤保护的关键因素是我国的人口膨胀，而且不可能在短期内减少人口压力，故针对目前我国土地资源的现状，为及时防止土壤环境的恶化，我国一些地区积极响应《绿色施工导则》的节地计划，并明确规定：“在节地方面，建设工程施工总平面规划布置应优化土地利用，减少土地资源的占用。施工现场的临时设施建设禁止使用黏土砖。土方开挖施工应采取先进的技术措施，减少土方开挖量，最大限度地减少对土地的扰动，保护周边的自然生态环境”。

另外，在节地与施工用地保护中，《绿色施工导则》在临时用地指标、施工总平面布置规划及临时用地节地等方面还明确制定了如下措施：

(1) 保护地表环境，防止土壤侵蚀、流失。因施工造成的裸土，及时覆盖砂石或种植速生草种，以减少土壤侵蚀；因施工造成容易发生地表径流土壤流失的情况，应采取设置地表排水系统、稳定斜坡、植被覆盖等措施，减少土壤流失。

(2) 沉淀池、隔油池、化粪池等不发生堵塞、渗漏、溢出等现象。及时清掏各类池内沉淀物，并委托有资质的单位清运。

(3) 对于有毒有害废弃物，如电池、墨盒、油漆、涂料等应回收后交有资质的单位处理，不能作为建筑垃圾外运，避免污染土壤和地下水。

(4) 施工后应恢复被施工活动破坏的植被(一般指临时占地内)。并与当地园林、环保部门或当地植物研究机构进行合作，在先前开发地区种植当地或其他合适的植物，以恢复剩余或科学绿化空地地貌，补救施工活动中人为破坏植被和对地貌造成的土壤侵蚀。

(5) 在城市施工时如有泥土场地易污染现场外道路时可设立冲水区，用冲水机冲洗轮胎，防止污染施工外部环境。修理机械时产生的液压油、机油、清洗油料等废油不得随地泼倒，应收集到废油桶中，统一处理。禁止将有毒、有害的废弃物用作土方回填。

(6) 限制或禁止黏土砖的使用，降低路基，充分利用粉煤灰。毁田烧砖是利益的驱动，也是市场有需求的后果。节约土地要从源头上做起，即推进墙体材料改革，建筑业以新型节能的墙体材料代替实心黏土砖，让新型墙体材料占领市场，实心黏土砖便会失去市场，毁田烧砖便可以被有效遏制。另外，在农村需要采取强制措施关闭砖窑，对少量确因需要暂留的砖窑，则严格限制在荒地、山地取土，规定产量上限，防止毁田烧砖。

(7) 推广降低路基技术，节约公路用地。修建公路取土毁田是对农田造成极大的毁坏。有必要采用新技术来降低公路建设对土地资源的耗费。而我国火力发电仍占很大比例，加上供暖，产生的工业剩余粉煤灰总量极大，这些粉煤灰还需要需占地堆放。如果将这些采用用于公路建设将是一条便于操作、立竿见影的节约和集约化利用土地的好路子。

第六节 建筑垃圾控制

工程施工过程中每日均生产大量废物，例如泥沙、旧木板、钢筋废料和废弃包装物料等，基本用于回填。大量未处理的垃圾露天堆放或简易填埋，便会占用大量宝贵土地并污染环境。

根据对砖混结构、全现浇结构框架结构等建筑的施工材料损耗进行粗略统计，在每万平方米的建筑施工过程中，仅建筑废渣就会产生500～600t。而如此巨量的建筑施工垃圾，绝大部分未经任何处理，便被建筑施工单位运往郊外或乡村，采用露天堆放或填埋的方式进行处理。这种处理方法不仅耗用了大量的耕地及垃圾清运等建设经费，而且给环境治理造成了非常严重的后果。不能适应建筑垃圾的迅猛增长，且不符合可持续发展战略。因而，自20世纪90年代以后，世界上许多国家，特别是发达国家已把城市建筑垃圾减量化和资源化处理作为环境保护和可持续发展战略目标之一。对于我国，现有建筑总面积400多亿m^2，以每万平方米建筑施工过程中产生建筑废渣500～600t的标准进行粗略推算，我国现有建筑面积至少产生了20亿t建筑废渣。这些建筑垃圾绝大部分采用填埋方式处理掉了，这一方式不仅要耗资大量征用土地，造成了严重的环境污染，对资源也造成了严重的浪费。有关人士预计，到2020年，我国还将新增建筑面积约300亿m^2。如何处理和排放建筑垃圾，已经成为建筑施工企业和环境保护部门面临的一道难题。

对于填埋建筑垃圾的主要危害在于：首先是占用大量土地。仅以北京为例，据相关资料显示，奥运工程建设前对原有建筑的拆除，以及新工地的建设，北京每年都要设置二三十个建筑垃圾消纳场，占用了不少的土地资源。其次是造成严重的环境污染。建筑垃圾中的建筑用胶、涂料、油漆不仅是难以生物降解的高分子聚合物材料，还含有有害的重金属元素。这些废弃物被埋在地下，会造成地下的水被污染，并可危害到周边居民的生活。再次是破坏土壤结构、造成地表沉降。现今的填埋方法是：垃圾填埋8m后加埋2m土层，这样的土层之上基本难以生长植被。在填埋区域，地表则会产生较大的沉降，这种沉降要经过相当长的时间才能达到稳定状态。施工垃圾对工程成本的影响如表2-9所示。

建筑施工垃圾对工程成本的影响　　表2-9

	建筑面积(m^2)	工程造价(万元)	垃圾数量(m^2)	垃圾原有价值(万元)	运费(万元)	占工程造价的百分比(%)
工程1	8100	640	1200	6	2.4	1.3
工程2	10800	1300	1100	5.5	2.2	0.6
工程3	11700	1265	1470	7.35	2.94	0.82
工程4	26700	2300	3150	15.78	6.3	0.96
工程5	11000	1290	825	4.13	1.65	0.45

从上表可以发现，建筑施工垃圾的费用在整个工程中所占的比重是不可轻视的，同时也可以反映施工单位的管理情况。从施工经济效益来看，施工过程中尽量减少施工垃圾的数量可以取得良好的施工经济效益。

一、建筑施工垃圾产生的主要原因和组成

目前，我国建筑垃圾的数量已占到城市垃圾总量的30%～40%。每1万m^2建筑，产生建筑垃圾600t，每拆1m^2混凝土建筑，就会产生近1t的建筑垃圾。建筑垃圾多为固体废弃物，主要来自于建筑活动中的三个环节：建筑物的施工过程(生产)、建筑物的使用和维修过程(使用)以及建筑物的拆除过程(报废)。建筑施工过程中产生的建筑垃圾主要有碎砖、混凝土、砂浆、包装材料等，使用过程中产生的主要有装修类材料、塑料、沥青、橡胶等，建筑拆卸废料，如废混凝土、废砖、废瓦、废钢筋、木材、碎玻璃、塑料制品等。

1. 碎砖

产生碎砖的主要原因有：(1)运输过程、装卸过程；(2)设计和采购的砌体强度过低；(3)不合理的组砌方法和操作方法产生了过多的砍转；(4)加气混凝土块的施工过程中未使用专用的切割工具，随意用瓦刀或锤等工具进行切块；(5)施工单位造成的倒塌。

2. 砂浆

砂浆产生建筑垃圾的主要原因有：(1)砌筑砌体时，由于铺灰过厚，导致多余砂浆被挤出；(2)砌体砌筑时产生的舌头灰未进行回收；(3)运输过程中，使用的运输工具产生了漏浆现象；(4)在水平运输时，由于运输车装浆过多；(5)在垂直运输时，由于运输车辆停放不妥造成翻倒；(6)搅拌和运输工具未及时清理；(7)落地灰未及时清理利用；(8)抹灰质量不合格，重新施工。

3. 混凝土

产生混凝土垃圾的主要原因有：(1)由于模板支设不合理，造成胀模面后修整过程中；(2)浇注时造成的溢出和散落；(3)由于模板支设不严密，而造成漏浆现象；(4)拌制多余的混凝土；(5)大多数工程采用混凝土灌注桩，根据规范和设计要求，桩一半打至设计基底标高上500mm，以便土方开挖后将上部浮浆截去。由于桩基施工单位的技术水平和工人的操作水平所制约，往往出现超打混凝土500～1500mm，造成截下的桩头成为混凝土施工垃圾。

4. 木材

建筑中使用的木材主要为方木和多层胶合木(竹)板，通常用于建筑工程的模板体系。由于每个建筑物的设计风格和使用用途不同，所制作的多层胶合木(竹)板均在一个工程中一次性摊销，只有部分方木可以回收利用。其产生垃圾的主要原因有：(1)使用过程中根据实际尺寸截去多余的方木；(2)刨花、锯末；(3)拆模中损坏的模板；(4)周转次数太多而不能继续使用的模板；(5)配制模板时产生的边角废料。

5. 钢材

建筑工程中所使用的钢材主要用于基础、柱、梁、板等构件，钢材垃圾产生的主要原因有：(1)钢筋下料过程中所剩余的钢筋头；(2)钢材的包装带；(3)不合理的下料造成的浪费部分；(4)多余的采购部分。

6. 装饰材料

装饰材料主要用于建筑工程的内外装饰部分。装饰材料造成垃圾的主要原因有：(1)订货规格不合理造成多余切割量；(2)运输、装卸不当而造成的破损；(3)设计装饰方案改变造成的材料改变；(4)施工质量不合格造成返工。

7. 包装材料

由于包装产生垃圾的主要原因有：(1)防水卷材的包装纸；(2)块体装饰材料的外包装；(3)设备的外包装箱；(4)门窗的外保护材料。

不同结构类型的建筑所产生的垃圾各种成分的含量虽有所不同，但其基本组成是一致的，见表2-10和表2-11。

建筑施工垃圾的数量和组成 表2-10

垃圾组成	施工垃圾组成比例(%)		
	砖混结构	框架结构	框架-剪力墙
碎砖	30～60	15～45	10～25
砂浆	8～15	10～20	10～25
混凝土	8～15	15～30	15～35
桩头	—	8～15	8～20
其他	15～25	12～25	15～25
合计	100	100	100
垃圾产生量(kg/m²)	50～200	45～150	40～150

旧城改造建筑垃圾的数量和组成(%) 表2-11

垃圾组成	砖混结构
碎砖	50～70
砂浆	8～15
混凝土	8～15
屋面材料	1～3
钢材	1～2
木材	1～2
其他	8～20
合计	100

二、建筑施工垃圾的控制和回收利用

要减少建筑施工垃圾对环境造成的污染，要从控制垃圾产生数量与发展回收利用两个方面入手。根据住房和城乡建设部2007年9月10日颁布的《绿色施工导则》，建筑施工垃圾的控制应遵从以下几点：

(1) 制定建筑垃圾减量化计划，如住宅建筑，每万平方米的建筑垃圾不宜超过400t。

(2) 加强建筑垃圾的回收再利用，力争建筑垃圾的再利用和回收率达到30%，建筑物拆除产生的废弃物的再利用和回收率大于40%。对于碎石类、土石方类建筑垃圾，可采用地基填埋、铺路等方式提高再利用率，力争使再利用率大于50%。

(3) 施工现场生活区设置封闭式垃圾容器，施工场地生活垃圾实行袋装化，及时清运。对建筑垃圾进行分类，并收集到现场封闭式垃圾站，集中运出。

1. 建筑垃圾的综合利用研究情况

建筑垃圾中存在的许多废弃物经分拣、剔除或粉碎后，大多可以作为再生资源进行重新利用。例如存在于建筑垃圾中的各种废钢配件等金属，废钢筋、废铁丝、废电线等经分拣、集中、重新回炉后，可以再加工制造成各种规格的钢材；废竹、木材则可以用于制造人造木材；砖、石、混凝土等废料经破碎后可以代替砂、石材料，用于砌筑砂浆、抹灰砂浆、打混凝土垫层等，还可以用于制作砌块、再生骨料混凝土、铺道砖、花格砖等建材制品。可见，综合利用建筑垃圾是节约资源、保护生态的有效途径。部分建筑施工垃圾的成分如表2-12和表2-13所示。

纯烧结砖碎块和墙体材料废料的化学成分(西欧数据,%) **表2-12**

	干燥损失	烧失量	SiO_2	Al_2O_3	Fe_2O_3	CaO	MgO	K_2O	Na_2O	SO_3	Cl
22种纯烧结砖碎块											
平均值	0.15	0.87	66.8	15.5	6.49	2.63	1.99	3.06	0.75	0.49	0.01
最小值	0	0	55.1	10.6	4.08	0.40	0.50	1.53	0.22	0	0
最大值	0.30	2.60	79.3	19.3	15.3	7.80	4.00	4.42	2.02	3.40	0.06
标准差	0.10	0.81	6.55	2.11	2.24	2.28	1.02	0.77	0.44	0.75	0.01
33种墙体材料废料											
平均值	0.39	5.11	68.0	9.54	3.55	7.98	1.33	2.15	0.71	0.84	0.04
最小值	0	2.50	52.0	7.20	2.50	3.70	0.80	1.36	0.45	0.10	0.01
最大值	1.10	12.3	74.5	14.7	5.70	15.0	1.98	3.47	0.89	3.30	0.15
标准差	0.29	2.03	5.40	1.54	0.71	2.78	0.30	0.55	0.12	0.72	0.03

建筑垃圾的化学组成(我国数据,%) **表2-13**

垃圾	烧失量	SiO_2	Al_2O_3	Fe_2O_3	CaO	MgO	K_2O	Na_2O	SO_3
砖渣	1.99	56.40	18.54	5.84	1.93	1.48	1.83	0.52	0.04
砂浆	8.57	57.57	10.83	3.36	13.00	1.94	2.44	1.43	0.20

2. 建筑垃圾的综合利用方式

(1) 建筑垃圾砖

建筑垃圾砖的生产步骤包括：1)建筑垃圾进行粗破碎，并筛除一部分废土，除去废金属、塑料、木条、装饰材料等杂质，存入中间料库。2)将分选得到的粗破碎送到二次破碎机组，经双层振动筛，将粒径≥10mm 的材料送回二次破碎机组进行再次破碎，对形成 5～10mm 粒径材料送成品料区，将 5mm 以下的材料送到成品筛继续筛分，分成 2mm 以下和 2～5mm 的材料，然后分别送到成品料区。将这三种类型的材料，5～10mm、2～5mm、2mm 以下，按比例送入搅拌机后，再掺入一定比例的水、水泥、粉煤灰等添加剂，搅拌均匀送到液压砌块机成型，28d 自然养护即可。

利用建筑垃圾做再生骨料制砖主要包括三部分费用(见表 2-14)，包括：

普通混凝土多孔砖和再生混凝土多孔砖成本构成比较　　表 2-14

普通混凝土多孔砖		再生混凝土多孔砖	
建筑垃圾运送	—	建筑垃圾运送	S_1
天然骨料费用	S_1	再生混凝土骨料费用	S_2
制砖费用(包括除骨料外的其他材料费)	S_1	制砖费用(包括除骨料外的其他材料费)	S_3
合　计	$\sum_{i=1}^{2} S_i$	合　计	$\sum_{i=1}^{3} S_i$

1) 建筑垃圾运送到工厂的费用 S_1。建筑垃圾或废料运到工厂通常不需要成本，即该部分费用为负值或为 0。

2) 再生混凝土骨料的加工费用 S_2。该部分所需费用可以用 S_1 补偿一部分。

3) 再生混凝土多孔砖的制砖费用 S_3。该部分费用与普通混凝土多孔砖的制砖费用相同。欧盟、美国、日本等每年混凝土废料超过 3.6 亿 t，这些国家和地区对混凝土和钢筋混凝土废料再加工得到的再生骨料能耗比开采天然碎石要低 7 倍，成本可降低 25%。

建筑垃圾砖与传统烧结砖相比，其优点有：1)建筑垃圾砖无需建窑焙烧与蒸养，投资相对较少；2)建筑垃圾砖的抗压抗折强度较高(10MPa 以上)，且各项性能指标均符合国家标准；3)建筑垃圾砖的材料来源广泛，制作成本较低(0.07～0.08 元/块)；4)建筑垃圾砖的生产占用场地小，压制成型，劳动强度小，成品率高；5)建筑垃圾砖消化建筑垃圾，无污染、无残留物、噪声小，可变废为宝，保护环境，促进资源再生利用，节省大量土地资源。

建筑垃圾砖产品规格包括：240mm×115mm×53mm、180mm×115mm×115mm、240mm×115mm×115mm、115mm×115mm×115mm。强度等级为 MU7.5、MU10、MU15、MU20、MU30，这种砌体的施工工艺与质量控制可按《砌体结构施工质量验收规范》(GB 50203—2002) 的要求。由于建筑垃圾砖的吸水性能与黏土砖相比有较大的不同，施工中应注意以下几个问题：

1) 因为建筑垃圾砖属于水泥制品，其吸水性较黏土砖差，施工中应减少浸水时间；砂浆稠度应控制在 50～70mm，在炎热夏季可适当再调整砂浆稠度。

2) 在砌体砌筑过程中应正确留置出各种洞口、管道沟槽、脚手眼等，切不可在砌筑完成后再凿洞口。未经设计部门同意不得在承重墙中随意预留和打凿水、暖、电水平沟槽。

3）正常施工条件下，每日砌筑高度宜控制在1.5m或一步脚手架高度，不能因为抢工期而加速施工。雨期施工应注意覆盖。

4）建筑垃圾砖采用自然养护工艺，当气温较低时养护28天难以保证产品质量，建议在厂内养护和堆放40天后方可出厂。建筑垃圾砖进场后应按验收规范要求进行材料检测。

（2）再生骨料混凝土

一般将废弃混凝土经过破碎、分级、清洗并按一定比例配合后作为新拌混凝土的骨料，这样的骨料被称为再生骨料，把利用再生骨料作为部分或全部骨料的混凝土称为再生骨料混凝土。利用废弃混凝土再生骨料拌制的再生骨料混凝土是发展绿色混凝土的主要措施之一。

再生骨料混凝土的开发利用开始于发达国家，我国近些年来才开始尝试开发再生骨料混凝土。我国政府也高度重视对这项技术的开发和利用，在我国中长期社会可持续发展战略中就鼓励废弃物的研究开发利用，1997年建设部已经将“建筑废渣综合利用”列于科技成果重点推广项目。我国上海、北京等地的一些建筑企业在建筑垃圾回收利用方面也作了一些有益的工作，如同济大学采用再生骨料混凝土应用于道路的建设。

由建筑垃圾中砖石砌体、混凝土块循环再生的骨料，与天然岩石骨料相比，具有孔隙率高、吸水性大、强度低等特征，这些特性将导致再生骨料混凝土与天然骨料混凝土的特性有较大差别。首先，因为再生骨料的孔隙率大、吸水性强的特性。会导致用再生骨料新拌混凝土的工作性(流动性、可塑性、稳定性、易密性)下降。其次，再生骨料混凝土硬化后的特性(强度、应力-应变关系、弹性模量、泊松比、收缩、徐变)都会与天然骨料有所不同。例如再生骨料的多孔隙会导致混凝土弹性模量减小，强度降低，刚度减小。另外，吸水率高还会导致失水后混凝土干缩与徐变增大。

同配合比再生混凝土与采用天然骨料配制的普通混凝土在性质上存在差异，主要是因为再生骨料具有不同特性所引起。大量研究资料表明，再生骨料通常具有以下特性：1)表面粗糙，棱角多；2)含有大量的水泥砂浆；3)存在多种杂质，如玻璃、土壤、沥青等；4)再生骨料的过程中，由于骨料内部的损伤积累会导致再生骨料内部有大量的原生裂纹发生。基于这方面的原因，使用再生骨料配制而成的再生混凝土工作性能较差、弹性模量较小、干缩与徐变较大、耐久性不高。

目前再生骨料混凝土主要用于地基加固、道路工程的垫层、室内地坪垫层、砌块砖等方面。要扩大其应用范围，将再生骨料混凝土用于钢筋混凝土结构工程中，必须要对再生骨料进行改性强化处理。

（3）建筑砂浆

将废砖破碎后用作混凝土的骨料是一个很好的解决废砖重新利用的途径，特别适用于缺乏天然骨料的地区。然而在实际应用中，废砖破碎成混凝土所需的粗骨料的过程中，不可避免地会产生大量的粒度很小的颗粒或砖粉。利用废砖粉代替部分天然砂配制再生砂浆，不仅能降低建筑砂浆的生产成本、节约天然砂资源，而且还可减少废黏土砖排放中对环境的污染、土地的占用等负面影响。

相关研究表明，当废砖粉取代天然砂用于配制再生砂浆时取代率不易过大，否则再生砂浆的和易性将很难满足施工要求。采用添加减水剂的措施，可增加取代率。对再生砂浆的其他相关性能等还需进一步研究，但这种思路不失为一个发展建筑废弃物循环再利用的新途径。

建筑垃圾再利用本身就是一个环保范畴的项目，因此，在建筑垃圾再利用过程中应该注意噪声、粉尘、烟尘等方面，避免二次污染。

第七节 地下设施、文物和资源保护

地下设施主要包括人防地下空间、民用建筑地下空间、地下通道和其他交通设施、地下市政管网等设施。这类设施通常处于隐蔽状态，在施工中如果不采取必要的措施极其容易受到损害。一旦对这些设施进行损害往往会造成很大的损失。保护好这类设施的安全运行对于确保国民经济的生产和居民正常生活具有十分重要的意义。文物作为我国古代文明的象征，采取积极措施千方百计地保护地下文物是每一个人的责任。当今世界矿产资源短缺的现状，使各国的危机感大大提高，并竞相加速新型资源的研发。因此，现阶段做好矿产资源的保护工作也是搞好文明施工、安全生产的重要环节。

地下设施、文物和资源通常具有不规律及不可见性，对其保护时需要我们仔细勘探、精密布局、谨慎施工等多项要求。下面针对其各种施工保护措施，进行详细的阐述。

一、施工前应调查清楚地下各种设施，做好保护计划，保证施工场地周边的各类管道、管线、建筑物、构筑物的安全运行。

(1) 施工单位必须严格执行上级部门对市政工程建设在文明施工方面所颁发的条例、制度和规定。在开始土方基础工程开挖作业前，必须对作业点的地下土层、岩层进行勘察，以探明施工部位是否存在地下设施、文物或矿产资源，勘察结果应报相应工程师批准。如果根据勘察结果认为施工场地存在地下设施、文物或资源，应向有关单位和部门进行咨询和查询。

(2) 对于已探明的地下设施、文物及资源，应采取适当的措施进行保护，其保护方案应事先取得相应部门的同意并得到监理工程师的批准。

比如，对于已探明的地下管线，施工单位需要进一步收集管线资料，并请管线单位监护人员到场，核对每根管线确切的标高、走向、规格、容量、完好程度等，做好记录并填写《管线施工配合业务联系单》，交于相关单位签认。并与业主及相关部门积极联系，进一步确认本工程范围中管线走向及具体位置。然后，根据管线走向及具体位置，在相应地面上做出标志(用白灰标识)，当管线挖出后应及时给予保护。回填时，回填土应符合相关要求，必须注意土中不应含有粒径较大的石块。雨期施工时则应采取必须的降、排水措施，及时把积水排除。对于道路下的给水管线和污水管线，除采取以上措施外，在车辆穿越时，应设置土基箱，确保管线受力后不变形，不断裂。对于工程中有管线的位置将设置警示牌。

(3) 对于施工场区及周边的古树名木采取选择避让方法进行保护，并制定最佳的施工方案。在施工过程中统计并分析施工项目的 CO_2 排放量，以及各种不同植被和树种的 CO_2 固定量。

二、施工过程中的保护措施

(1) 开工前和实施过程中，施工负责人应认真向班组长和每一位操作工人进行管线、文物及资源方面的技术交底，明确各自的责任。

(2) 应设置专人负责地下相关设施、文物及资源的保护工作，并需要经常检查保护措施的可靠性，当发现现场条件变化，保护措施失效时应立即采取补救措施。要督促检查操作人员(包括民工)，遵守操作规程，制止违章操作，违章指挥和违章施工。

(3) 开挖沟槽和基坑时，无论人工开挖还是机械挖掘均需分层施工。每层挖掘深度易控制在 20～30cm。一旦遇到异常情况，必须仔细而缓慢挖掘，把情况弄清楚后或采取措施后方可按照正常方式继续开挖。

(4) 施工过程中如遇到露出的管线，必须采取相应的有效措施，如进行吊托、拉攀、砌筑等固定措施，并与有关单位取得联系，配合施工，以求施工安全可靠。施工过程中一旦发现文物，立即停止施工，保护现场并尽快通报文物部门并协助文物部门做好相应的工作。

(5) 施工过程中发现现状与交底或图纸内容、勘探资料不相符时或出现直接危及地下设施、文物或资源安全的异常情况时，应及时通知相关单位到场研究，商议制定补救措施，在未做出统一结论前，施工人员和操作人员不得擅自处理。

(6) 施工过程中一旦发现地下设施、文物或资源出现损坏事故，必须在 24h 内报告主管部门和业主，不得隐瞒。

思考题

1. 施工过程中如何进行环境保护的目的，其意义如何？
2. 建筑施工中扬尘的危害有哪些？说明其来源？
3. 建筑施工中扬尘的控制原理是什么，如何控制扬尘？
4. 阐述建筑施工中噪声来源及控制措施。
5. 什么是光污染？光污染对社会会造成什么危害？
6. 如何减少施工中的光污染？
7. 建筑施工对地下水资源影响表现在哪些方面？
8. 施工过程中如何处理污水？水污染的防治指标有哪些？
9. 为什么要进行土壤保护？施工过程中如何保护土壤？
10. 建筑施工中如何控制和减少建筑垃圾量？
11. 建筑施工中的建筑垃圾如何回收和利用？
12. 施工过程中如何对地下设施、文物、资源进行保护？

参考文献

[1] 绿色施工导则

[2] 刘红丽. 场地春季扬尘及现场形象控制方案中国园林建设网. http://www.china-landscape.net

[3] 吴敏. 建筑施工噪声防治策略. 筑路机械与施工机械化，2005，2

[4] 刘宏伟. 建筑施工噪声的污染与控制. 石油化工环境保护，2005，28(4)

[5] 张立华. 建筑施工噪声综合治理技术研究. 山西煤炭管理干部学院学报，2001，14(2)

[6] 齐伟军，赵艳秋. 建筑施工综合环境保护技术. 环境科学动态，2005，(2)

[7] 周兆木. 城市建筑施工噪声管理之我见. 中国环境管理，1998，(4)

[8] 张建设，林伟民. 建筑工程施工噪声污染防治对策研究. 建筑施工，2004，26(4)

[9] 高桂荣. 建筑施工噪声扰民的防治对策. 城市管理与科技，2005，7(3)

[10] 马彩霞，张朝能，宁平. 城市建筑施工主要环境污染及其防治对策. 环境科学导刊，2007，26(4)

[11] 氩弧焊弧光对人体的危害及预防. http://www.bhrelang.com/NewsView.asp?ID=319&SortID=49

[12] 白向兵，刘建，闫英桃. 城市扬尘污染和抑尘剂研究现状及展望. 陕西理工学院学报(自然科学版)，2005，21(4)

[13] 刘玉茹，姜远光，穆春暖. 给城市披上"防尘罩"——控制天津市扬尘污染的对策. 天津城市建设学院，2005，15(2)

[14] 张培冀. 绿化工程技术在治理扬尘污染中的应用与探讨. 天津建设科技，2005，15(z1)

[15] 李寿德. 建筑垃圾生产烧结建材制品的可行性. 砖瓦，2005(12)

[16] 谢天，赵全喜，卢文刚. 建筑施工污染的防治. 建筑安全，2006，21(02)

[17] 李筱华，吴贤国. 从源头上控制建筑垃圾的对策分析. 建筑技术开发，2004，3

[18] 王健苗. 试述绿色建筑与施工管理. 西部探矿工程，2004，16(7)

[19] 王健，孟秦倩. 再生骨料混凝土基本性能的试验研究. 水利与建筑工程学报，2004，2(2)

[20] 谢继义，赵山程，吴金增. 建筑施工垃圾的形成及对工程成本的影响. 河南建材，2002(2)

[21] 张孟雄，张学良，王卫秋等. 建筑垃圾砖的开发及应用. 砖瓦世界，2006(08)

[22] 范小平，徐银芳. 再生骨料混凝土的开发利用. 上海建材，2003(4)

[23] 黄凯. 柴毅. 施工企业的现场环境管理. 重庆建筑大学学报，2004，26(3)

[24] 程海丽. 废砖粉在建筑砂浆中的应用研究——建筑垃圾资源化技术研究之二. 北方工业大学学报，2005，17(1)

[25] 郝彤，刘立新. 再生骨料混凝土多孔砖的研究开发. 工程质量，2006(5)

[26] 苏敏涛. 民用建筑工程室内环境质量的检测及环境污染的防治. 广东科技，2007，(7)

[27] 谢作达. 环境保护与经济发展. 湖北日报，http://www.cnhubei.com/aa/ca5953.htm

[28] 地上、地下设施保护措施. http://www.tydf.cn/read.php?tid=72022

[29] 地下管线保护措施和交通配合组织方案. http://www.tydf.cn/read.php?tid=90471

[30] 机场施工地下管线保护措施机场施工地下管线保护措施. http://info.tgnet.cn/Detail/200803082080663833/

[31] 上海市扬尘污染防治管理办法

[32] GB 12523—90 建筑施工场界噪声标准，北京市劳保所

[33] GB 3096—1993 城市区域环境噪声标准，国家环保总局

[34] HJ/T 2.1—93 环境影响评价技术导则(声环境)

［35］ GB 12524—90 建筑施工场界噪声测量方法
［36］ GB 8978—1996 污水综合排放标准
［37］ GB 50325—2001 民用建筑工程室内环境污染控制规范
［38］ 地下水资源现状及基础工程施工对地下水环境的影响分析
［39］ JTG B 03—2006 公路建设项目环境影响评价规范
［40］ 大气环境质量标准
［41］ GB 3095—1996 环境空气质量标准

第三章　节材与材料资源利用

随着我国经济体制改革的深入，我国国民经济蓬勃发展，城市化发展也随之加速，从而推动了我国建筑业的迅速发展。资料显示，全国城乡房屋建筑面积 2003 年底共计为 420 亿 m^2，其中城市建筑面积为 131.8 亿 m^2，新建竣工建筑面积为 20.3 亿 m^2。预计到 2010 年底，全国建筑面积会达到 519 亿 m^2，其中城市建筑面积达 171 亿 m^2；估算到 2020 年底，全国建筑面积将达 686 亿 m^2，其中城市建筑面积达 261 亿 m^2。可见，我国房屋建筑规模是十分庞大的，如此庞大的建筑规模在世界上是空前的，在历史上也是罕见的。

如此巨大的建筑规模必然要耗费大量的建筑材料。据统计，2005 年我国建筑行业消费钢材 1.73 亿 t，是钢材总消费量的 50.55%，预计 2010 年我国的建筑用钢量将比 2005 年增加 5300 万～8550 万 t；2006 年我国建设工程的混凝土总消耗量约为 22 亿 m^3（其中，城镇民用建筑混凝土用量约为 8 亿 m^3），而各种原材料的消耗量大致为：水泥 7.6 亿 t，粉煤灰 0.6 亿 t，砂 16.3 亿 t，石子 26.2 亿 t，外加剂 570 万 t，水 4.2 亿 t。预计到 2010 年混凝土的用量将达到 28 亿 m^3。另外，我国多种建筑材料产量已多年位居世界榜首。数据显示：2005 年，全国墙体材料生产总能力超过 10000 亿块标准砖，其产量折标准砖达到 8000 亿块，其中新型墙体材料产量折标准砖 3500 亿块；2006 年，平板玻璃 4.4 亿重量箱、陶瓷砖 50 亿 m^2、建筑涂料 155.46 万 t；2005 年，卫生瓷 8000 万件、人造板总产量 6393 万 m^2。而且，随着我国建设事业的发展，建筑材料的产量和消耗量仍在继续增加。

建筑材料的生产不但需要开采大量的自然资源，还会在生产过程中还产生大量 CO_2、SO_2、NO_2 和粉尘等废弃物，严重破坏和污染了自然环境，这样会使建筑业难以在既有的模式上持续发展。可见，在施工中节约材料是建筑业可持续发展的必然道路，同时，节材也是落实党中央、国务院发展循环经济、建设节约型社会战略决策的具体措施。

第一节　节　材　措　施

一、建筑耗材现状及节材中存在的问题

1. 建筑耗材的现状

资料显示，2007 年我国水泥的实际消耗量为 13.5 亿 t，按照用于商品混凝土或现场混凝土拌制的水泥占水泥总用量的 60%来估算，全国混凝土总的用量约为 15 亿 m^3。由此可以估算出用于拌制混凝土的砂、石、水泥、水等基本原材料的年用量分别约为

17亿t、28亿t、8亿t、4.3亿t，也就是说，我国为生产混凝土，每年要开采砂石近45亿t。据统计，我国每年建筑工程的材料消耗量占全国总消耗量的比例大约为：钢材占25%、木材占40%、水泥占70%，这就意味着，我国每年为生产建筑材料要消耗掉70多亿吨各种矿产资源，即全国人均年消耗量5.3t，且其中大部分是不可再生矿石、化石类资源。按照我国目前每生产1t水泥熟料要排放1t CO_2、0.74kg SO_2、130kg粉尘，消耗1.3t石灰石资源来计算，现在探明的我国250亿t的石灰石储量，仅可供应不到30年。此外，我国建筑的物耗水平与发达国家相比也有很大的差距。例如，我国每平方米住宅建筑耗费钢材约55kg，比发达国家高出约10%～25%；每拌制1m^3 混凝土要多消耗水泥80kg。如此高的资源消耗，迫使我们必须认真思考问题的严重性，积极探索解决问题的策略，探求节约材料的出路。

2. 节材中存在的问题

长期以来，由于我们对建筑节材方面关注较少，也没有采取过较为有效的节材措施，造成我国现阶段建筑节材方面存在着许多问题，主要体现在以下几个方面：(1)建筑规划和建筑设计不能适应当今社会的发展，导致大规模的旧城改造和未到设计使用年限的建筑物被拆除；(2)很少从节材的角度优化建筑设计和结构设计；(3)高强材料的使用积极性不高。HRB400钢筋的用量在钢筋总用量中占不到10%，C45等级以下混凝土约占90%，高强混凝土使用量比较少；(4)建筑工业化生产程度低，现场湿作业多，预制建筑构件使用少；(5)新技术、新产品的推广应用滞后，二次装修浪费巨大。据有关机构测算，我国每年因装修造成的浪费高达30多亿元，仅北京每年二次装修就有15亿元的浪费；(6)建筑垃圾等废弃物的资源化再利用程度较低；(7)建筑物的耐久性差，往往达不到设计使用年限；(8)缺少建筑节材方面的奖罚政策。

二、节约建材的主要措施

人类对材料、环境和社会可持续发展三者之间关系的探讨由来已久，从1998年第一届国际材料联合会提出“绿色材料”的概念，到1992年在巴西召开的联合国环境与发展大会，就已经标志着社会进入“保护自然、崇尚自然、促进可持续发展”的绿色时代。

我国建设部为了加快新技术在建设事业中的推广和应用，于2006年12月28日发布了《建设事业“十一五”重点推广技术领域》，建设部科技司在此基础上编制发布了《建设事业“十一五”推广应用和限制禁止使用技术公告》。《技术领域》和《技术公告》的发布指明了“十一五”期间建设行业科技进步的方向，是引导建设科技创新和成果推广转化的政策性文件。

《节材与材料资源利用技术领域》是重点推广的九个领域之一，是指材料生产、施工、使用以及材料资源利用各环节的节材技术，包括绿色建材与新型建材、混凝土工程节材技术、钢筋工程节材技术、化学建材技术、建筑垃圾与工业废料回收应用技术等。

减少建筑运行能耗是建筑节能的关键，而建材能耗在建筑能耗中占了较大比例，故建筑材料及其生产能耗的降低是降低建筑能耗的有效手段之一。建筑保温措施的加强、节能技术和设备的运用，会使建筑运行能耗有所减少，但这些措施通常又会造成建筑材料及其生产能耗的增加。因此，减少建材的消耗就显得尤为重要。

设计方案的优化选择作为减少建材消耗的重要手段，主要体现在以下几个方面：

(1) 图纸会审时，审核节材与材料资源利用的相关内容，使材料损耗率比定额损耗率降低30%。在建筑材料的能耗中，非金属建材和钢铁材料所占比例最大，约为54%和39%。因此，通过在结构体系、高强高性能混凝土、轻质墙体结合、保温隔热材料的选用等设计方案的最优选择上减少混凝土使用量，在施工中应用新型节材钢筋、钢筋机械连接、免拆模、混凝土泵送等技术措施减少材料浪费，将不失为一种良好的节材途径。

(2) 在材料的选用上，积极发展并推行如各种轻质建筑板材、高效保温隔热材料、新型复合建筑材料及制品、建筑部品及预制技术、金属材料保护(防腐)技术、绿色建筑装修材料、可循环材料、可再生利用材料、利用农业废弃植物生产的植物纤维建筑材料等绿色建材和新型建材。使用绿色建材和新型建材，可以改善建筑物的功能和使用环境，增加建筑物的使用面积，便于机械化施工和提高施工效率，减少现场湿作业，且更易于满足建筑节能的要求。

(3) 根据施工进度、库存情况等合理安排材料的采购、进场时间和批次，减少库存，避免因材料过剩而造成的浪费。

(4) 材料运输时，首先要充分了解工地的水陆运输条件，注意场外和场内运输的配合和衔接，尽可能地缩短运距，利用经济有效的运输方法减少中转环节；其次要保证运输工具适宜，装卸方法得当，以避免损坏和遗洒造成的浪费；再次要根据工程进度掌握材料供应计划，严格控制进场材料，防止到料过多造成退料的转运损失；另外，在材料进场后，应根据现场平面布置情况就近卸载，以避免和减少二次搬运造成的浪费。

(5) 在周转材料的使用方面，应采取技术和管理措施提高模板、脚手架等材料的周转次数。要优化模板及支撑体系方案，采用工具式模板、钢制大模板和早拆支撑体系，采用定型钢模、钢框竹模、竹胶板代替木模板。

(6) 安装工程方面，首先要确保在施工过程中不发生大的因设计变更而造成的材料损失，其次是要做好材料领发与施工过程的检查监督工作，再次要在施工过程中选择合理的施工工序来使用材料，并注重优化安装工程的预留、预埋、管线路径等方案。

(7) 取材方面，应贯彻因地制宜、就地取材的原则，仔细调查研究地方材料资源，在保证材料质量的前提下，充分利用当地资源，尽量做到施工现场500km以内生产的建筑材料用量占建筑材料总重量的70%以上。

(8) 对于材料的保管，要根据材料的物理、化学性质进行科学、合理的存储，防止因材料变质而引起的损耗。另外，可以通过在施工现场建立废弃材料的回收系统，对废弃材料进行分类收集、贮存和回收利用，并在结构允许的条件下重新使用旧材料。

(9) 尽快进行节材型建筑示范工程建设，制定节材型建筑评价标准体系和验收办法，从而建立建筑节材新技术体系推广应用平台，以有序推动建筑节材新技术体系的研究开发、技术储备及新技术体系的推广应用。

此外，我国的自然资源和环境都难以承受建筑业的粗放式发展，大力宣传建筑节材，树立全民的节材意识是建筑业可持续发展的必然道路。

第二节　结构材料及围护材料

根据房屋的构成和功能，可以将建造房屋所涉及的各种材料归结为结构材料和围护材料两大类。结构材料构成房屋的主体，包括结构支撑材料、墙体材料、屋(楼、地)面材料；围护材料则赋予房屋以各种功能，包括隔热隔声材料、防水密封材料、装饰装修材料等6类。

长期以来，我国的房屋建筑材料基本上是钢材、木材、水泥、砖、瓦、灰、砂、石；房屋的结构形式主要是砖混结构。砖混结构的特点是房屋的承重和保温功能都由墙体承担，因此，从南到北，随着气候的变化，为了建筑保温的需要，我国房屋砖墙的厚度从24cm、37cm到49cm不等，每平方米房屋的重量也从1.0t、1.5t到近2.0t变化。这样的房屋，即使有梁柱作支撑体，也被描述为“肥梁、胖柱、重盖、深基础”的典型耗材建筑。

我国的砖混结构体系将承重结构和围护结构的两个功能都赋予了墙体，致使墙体的重量增加，约占到了房屋总重的70%～80%，具有重量大、耗材多的特点。可见，选择一个合理的结构体系是节约主体材料的关键，且选定的结构体系一定要使其支撑结构和围护结构的功能分开。这样，结构支撑体系只承担房屋主承重的功能，为墙体选用轻质材料创造了条件，可大幅度地减轻墙体的重量，从而减轻了房屋的重量；房屋轻，可节约支撑体和房屋基础的用材。

房屋的主体结构是指在房屋建筑中，由若干构件连接而成的能承受荷载的平面或空间体系，包括结构支撑体系、墙体体系和屋面体系，建筑物主体结构可以由一种或者多种材料构成。用于房屋主体的建筑材料重量大、用量多，占材料总量的绝大部分，因此，节材的重点应该抓构成房屋主体的材料，即结构的支撑材料、墙体材料和屋面材料。

一、结构支撑体系的选材及相应节材措施

如前所述：仅2006年我国钢材消耗量已达到3.74亿t，其中建筑用钢材约占54%；水泥产量也已达到12.2亿t，占世界总产量的50%左右。根据此水泥产量估算出的2006年我国建设工程的混凝土总消耗量约为22亿m^3(其中，城镇民用建筑混凝土用量约为8亿m^3)，各种原材料的消耗量约为：水泥7.6亿t，粉煤灰0.6亿t，砂16.3亿t，石子26.2亿t，外加剂570万t，水4.2亿t。据《2008年国民经济与社会发展统计公报》数据显示，我国城乡建筑竣工面积已达58.5亿m^3，作为建筑材料的主体，混凝土用量约为15亿m^3。仅2005年全国墙体材料生产总能力已超过10000亿块标准砖，其产量折标准砖达到8000亿块，其中新型墙体材料产量折标准砖3500亿块。

由此可以看出，要从结构支撑体系上减轻结构重量、节约建材消耗，就应该在传统结构材料的选用上做出改变。《建设部关于发展节能省地型住宅和公共建筑的指导意

见》(建科［2005］78号)也提出“到2010年，全国新建建筑对不可再生资源的总消耗比现在下降10%；到2020年，新建建筑对不可再生资源的总消耗比2010年再下降20%”的目标。要实现上述目标主要从建筑工程材料应用、建筑设计、建筑施工等方面推广和应用节材技术。

1. 混凝土的节材措施

混凝土作为最主要的建筑材料之一，其发展也随着社会生产力和经济的发展。《建设事业“十一五”重点推广技术领域》中在《节材与材料资源合理利用技术领域》中提到的混凝土工程节材技术主要包括：高强、高性能混凝土与轻骨料混凝土、混凝土高效外加剂与掺合料、混凝土预制构配件技术，混凝土等优点复技术，预拌混凝土及预拌砂浆应用技术，清水饰面混凝土技术。

(1) 减少普通混凝土的用量，大力推行轻骨料混凝土。轻骨料混凝土是利用轻质骨料制成的混凝土。与普通混凝土相比，轻骨料混凝土具有自重轻、保温隔热性、抗火性、隔声性好等优点。

(2) 在施工过程中，注重高强度混凝土的推广与应用。高强度混凝土不仅可以提高构件承载力，还可以减小混凝土构件的截面尺寸，减轻构件自重，延长其使用寿命并减少装修，获得较大的经济效益。另外，高强度混凝土材料密实、坚硬，其耐久性、抗渗性、抗冻性均较好，且使用高效减水剂等配制的高强度混凝土能还具有坍落度大和早强的性能，施工中可早期拆模，加速模板周转，缩短工期，提高施工速度。因此，为降低结构物自重、增大使用空间，高层及大跨结构中常使用高强混凝土材料。国内外工程实践还表明，大力推广、应用高强钢筋和高性能混凝土，还可以收到节能、节材、节地和环保成效。

(3) 推广使用预拌混凝土和商品砂浆。商品混凝土集中搅拌，比现场搅拌可节约水泥10%，使现场散堆放、倒放等造成砂石损失减少5%～7%。在我国《散装水泥发展“十五”规划》中明确规定，直辖市、省会城市、沿海开放城市和旅游城市从2003年12月31日起，其他城市从2005年12月31日起，禁止在现场搅拌混凝土。但是，我国商品混凝土整体应用比例仍然较低，这也导致我国浪费了大量的自然资源。国内外的实践表明：采用商品混凝土还可提高劳动生产率，降低工程成本，保证工程质量，节约施工用地，减少粉尘污染，实现文明施工。因此，发展和推广商品混凝土的使用是实现清洁生产、文明施工的重大举措。

(4) 逐步提高新型预制混凝土构件在结构中的比重，加快建筑的工业化进程。新型预制混凝土构件主要包括新型装配式楼盖、叠合楼盖、预制轻混凝土内外墙板和复合外墙板等。严格执行已颁布的有关装配式结构及叠合楼盖的技术规程，对于新型预制构件技术的采用，要认真编制标准图集和技术规程报主管部门批准，通过试点示范逐步在全省范围内推广。

(5) 大力推进落实发展散装水泥，鼓励结构工程使用散装水泥。虽然我国散装水泥取得了快速的发展，但与国际先进水平相比，水泥散装率仍然很低。据资料显示，2007年我国散装水泥5.65亿t，约为水泥总产量的41.71%，远低于美国、日本(90%)以上的散装率，甚至还远低于罗马尼亚(70%)、朝鲜(50%)的散装率。水泥生产和应用的低散装率给我国造成了极大的资源浪费。如以2007年全国袋装水泥7.85亿t计算，全年消耗包装袋用纸约470多万吨，折合优质木材2590多万立方米，相当于12个大兴安岭一年的木材采伐量。而且，水泥包装袋还要消耗大量烧碱及大量纸袋扎口棉纱。此外，包装纸袋破损和包装袋内残留水泥造成的损耗在3%以上，而散装水泥由于装卸、储运采用密封无尘作业，水泥残留在0.5%以下，这样一来，全国每年要损失近2355万t水泥。同时，水泥包装过程中还要产生大量的固体废弃物和粉尘，不但浪费水泥资源，而且对城市环境造成了污染。根据循环经济减量化原则，也应大力发展散装水泥事业，尽可能减少包装物的使用。

(6) 进一步推广清水混凝土节材技术。清水混凝土又称装饰混凝土，属于一次浇注成型材料，不需要其他外装饰，这样就省去了涂料、饰面等化工产品的使用，既减少了大量建筑垃圾又有利于保护环境。另外，清水混凝土还可以避免抹灰开裂、空鼓或脱落的隐患，同时又能减轻结构施工漏浆、楼板裂缝等缺陷。

(7) 采用预应力混凝土结构技术。据资料统计，工程中采用无粘结预应力混凝土结构技术，可节约钢材约25%、混凝土约1/3，从而也从某种程度上减轻了结构自重。

2. 钢材的节材措施

据中国钢铁工业协会的资料显示，我国钢材消费量自2001年起就以每年3000万t以上的速度增加。国家统计局统计快报数据显示，2003年1月至11月，我国累计产钢20019.7万t，比2002年增长21.53%，月平均产量比2000年多500万t。目前我国钢材消费量遥居世界首位，比美国和日本钢材消费量总和还要多。

(1) 钢筋的节材

1) 推广使用高强钢筋，减少资源消耗。如近期悄悄风靡建筑业的预应力混凝土钢筋(简称：PC钢筋)，与普通螺纹钢筋不同，PC螺纹钢筋的筋向内凹(普通螺纹钢的筋则向外凸)，是一种制作预应力混凝土构件的高强钢筋。这是因为，PC钢筋能克服混凝土的易断性，并在预应力状态下经常给混凝土以压缩力，从而使混凝土的强度有较大增加。凹螺纹PC钢筋制造的建筑构件可节约钢材50%，大大降低了工程造价，还可以缩短施工周期，故受到各种建筑工程的青睐，目前在国外得到广泛使用。我国也应该向国际新型材料市场靠拢，积极推行性质优良的高强钢筋，减少钢材资源的消耗。

2) 推广和应用高强钢筋与新型钢筋连接、钢筋焊接网与钢筋加工配送技术，保证建筑钢筋以HRB400为主，并逐步增加HRB500钢筋的应用量。通过这些技术的推广应用，可以减少施工过程中的材料浪费，并能提高施工效率和工程质量。

3) 优化钢筋配料和钢构件下料方案。钢筋及钢结构制作前应对下料单及样品进行复核，无误后方可批量下料，以减少因下料不当而造成的浪费。

(2) 钢结构的节材

对于钢结构，应优化钢结构的制作和安装方法。大型钢结构宜采用工厂制作，现场拼装的施工方式，并宜采用分段吊装、整体提升、滑移、顶升等安装方法，以减少方案的措施用材量。

另外，对大体积混凝土、大跨度结构等工程，应采取数字化技术对其专项施工方案进行优化。

二、围护结构的选材及其节材措施

1. 保温外墙的选材

保温外墙要求具有保温、隔热、隔声、耐火、防水、耐久等功能，并满足建筑对其强度的要求，它对住宅的节材和节能都有重要的作用。

我国幅员辽阔，按气候分为严寒、寒冷、夏热冬冷和夏热冬暖四个气候区。为了节约采暖和制冷能耗，对其外墙热功能的要求分别为：前者以保温为主；中间两个区要求既保温，又隔热；后者则要求以隔热为主。满足保温功能，做法比较简单，采用保温材料即可；隔热可选择的途径较多，除采用保温材料外，还可采用热反射的办法、热对流的办法等，或者是两者、三者的组合。因此，存在着一个方案优化问题：怎么做更有效、更经济，以及内保温和外保温两种做法如何选择等。不同气候地区的保温外墙构造也不能千篇一律。

近几年，我国外墙外保温技术发展很快，但大多数都是采用大同小异的结构层——保温层增强聚合物砂浆抹面层的做法。应该说，这种做法本身是可行的，但是否有一定的应用范围？加上有些不规范的外墙外侧的选材和施工，使其耐久性令人担忧。

由于此项技术很重要，建议选择条件基本具备的高校、科研设计院所和企业，作为我国的保温外墙研发中心，有组织的根据不同的气候区的热功能要求，研究出一些优化的方案来，以引导我国的保温外墙健康发展。

2. 非承重内墙的选材

非承重内墙，特别是住宅分户墙和公用走道，要具有耐火、隔声和一定的保温功能和强度的功能。

我国现有的非承重内隔墙，多以水泥硅酸盐和石膏两大类胶凝材料为主要组成材料，且可分为板和块两大类。板类中有薄板、条板，最近又在开发整开间的大板，品种有几十种之多，而其中能真正商品化的产品却寥寥无几。板缝开裂成了我国建筑非承重内墙的通病，因而对此材料也有一个优选的问题。

水泥的强度高、性能好，是用途广、用量最大的建筑材料，其年产量已突破10亿t。但由于其生产能耗高，并排放与水泥等重量的二氧化碳，对环境造成严重污染，故从去年开始国家对水泥实施了限产的政策，这就迫使我们思考国家建设需要的胶凝材料差额从何解决的问题。

研究和实践表明，虽然石膏胶凝材料的强度比水泥低，在流动的水中溶解度也较小，但由于其自身显著的优势，被认为室内最好的非承重材料。石膏胶凝材料的优点主要表现在：(1)重量轻，耐火性能优异；(2)具有木材的暖性和呼吸功能；(3)凝结时间短，特别适应大规模的工业化生产和文明的干法施工，符合建筑产业化的需要；(4)生产节能、使用节材、可利废、可循环使用、不污染环境，符合国家可持续发展与循环经济的需要。

最近，建材情报所组织专家，对现有的几十种墙体材料做了一次总评分，前三名分别是煤矸石砖、纸面石膏板、石膏砌块。人口较多的美国和日本几乎100%的非承重内墙都是选用纸面石膏板。这又一次证明了，石膏非承重内墙是住宅内墙最好的选择，它不仅符合国家的发展政策，符合建筑产业化的政策，也可填补国家建设对胶凝材料的需求。

3. 屋面系统的节材

过去，我国的坡屋面较多。自20世纪50年代提出节约木材，提倡以钢代木后，便开始实施坡改平政策。故直到20世纪90年代，我国房屋基本都是平屋面。其实，坡屋面与平屋面相比，不仅重量大大轻于钢筋混凝土屋面，而且功能好，还能美化环境。故在建设部的“七五”科技发展规划中，提出了要适当发展坡屋面，由于屋架问题没有很好解决，坡屋面的发展比较缓慢，至今这个问题仍然存在。

据国外介绍，采用轻钢屋架，其用钢量比钢筋混凝土的配筋量还少；近年来我国开发引进钢结构技术，钢屋架的技术问题已经解决，为今后坡屋面的发展创造了条件。

4. 围护结构的节材措施

由上所述，根据围护结构的保温、隔热、隔声、耐火、防水、耐久等功能要求，房屋建筑对其强度的要求，围护结构的用材现状，将其用材及施工方面的节材措施总结如下：

(1) 门窗、屋面、外墙等围护结构选用耐候性、耐久性较好的材料。一般来讲，屋面材料、外墙材料要具有良好的防水性能和保温隔热性能，而门窗多采用密封性、保温隔热性能、隔声性能良好的型材和玻璃等材料。

(2) 当屋面或墙体等部位采用基层加设保温隔热系统的方式施工时，应选择高效节能、耐久性好的保温隔热材料，以减小保温隔热层的厚度及材料用量。

(3) 屋面或墙体等部位的保温隔热系统采用专用的配套材料，以加强各层次之间的粘结或连接强度，确保系统的安全性和耐久性。

(4) 根据建筑物的实际特点，优选屋面或外墙的保温隔热材料系统和施工方式，以确保其密封性、防水性和保温隔热性。例如，采用保温板粘贴、保温板干挂、聚氨酯硬泡喷涂、保温浆料涂抹等施工方式，来达到保温隔热的效果。

(5) 加强保温隔热系统与围护结构的节点处理，尽量降低热桥效应。针对建筑物的不同部位保温隔热特点，选用不同的保温隔热材料及系统，以做到经济适用。

第三节 装饰装修材料

随着国民经济的快速发展，生活水准和生活质量的提高，人们对改善工作、生活和居住环境的欲求和期望也日益强烈。因此近年来房屋装饰装修的标准、档次不断提高，并呈上升的趋势。装饰装修在建筑工业企业中，也已形成了专业的行业，其完成产值占建筑业的比重也越来越大。

室内环境质量与人的健康具有非常密切的关系。然而，因使用建筑装饰装修和各种新型建筑装修材料造成居住环境污染、装修材料产生的污染物对人体健康造成侵害的事件却时有报道，民用建筑室内环境污染问题日益突出。随着大众环境意识、环保意识和健康意识的迅速提高，身体健康与室内环境的关系也越来越受到人们的重视。因此，从建筑装饰装修方面着力于绿色建筑、健康住宅的营造，也正成为越来越多的开发商、建筑师追求的目标。

建筑装饰装修是指为使建筑物、构造物内外空间达到一定的环境质量要求，使用装饰装修材料，对建筑物、构造物外表和内部进行修饰处理的工程建筑活动。绿色装修则指通过利用绿色建筑及装饰装修材料，对居室等建筑结构进行装饰装修，创造并达到绿色室内环境主要指标，使之成为无污染、无公害、可持续、有助于消费者健康的室内环境的施工过程。

绿色装修是随着科技发展而发展的，并没有绝对的绿色家居环境。提倡绿色装修的目的在于，通过分析我国装饰装修业的现状及问题，采用必要的技术和措施，将现在的室内装修污染危害降到最低限度。

一、常用的装饰装修材料及其污染现状

1. 常用的建筑装修材料

目前，我国建筑装修材料可分为有机材料和无机材料两类。这两类材料又有天然与人造之分，天然有机材料的使用越来越少，而人造板材、塑料化纤制品越来越多。例如，常用的无机非金属建筑材料有砂、石、砖、水泥、商品混凝土、预制构件、新型墙体材料等；常用的无机非金属装修材料有石材、建筑卫生陶瓷、石膏板、吊顶材料等；常用的人造板材和饰面人造板有胶合板、细木工板、刨花板、纤维板等；常用的溶剂型涂料有醇酸清漆、醇酸调和漆、醇酸磁漆、硝基清漆、聚氨酯漆等；胶粘剂、防水材料、壁纸、地毯等。

2. 建筑装修材料中的有毒物质及其来源

建筑装修材料中的有毒物质多达千种，对人体健康危害较大的有甲醛、苯、氨、总挥发性有机化合物(TVOC)、氡等。

甲醛主要来源于用作室内装修的胶合板、细木工板、中密度纤维板和刨花板等人造板材、化学地毯、泡沫塑料、涂料、粘合剂等；苯经常被用作装饰材料、人造板家具的溶剂，同时也大量存在于各种建筑装修材料的有机溶剂中，如各种油漆的添加剂和稀释剂；氨主要来自于建筑施工中使用的混凝土外加剂及以氨水为主要原料的混凝土防冻剂；总挥发性有机化合物(TVCO)主要是人造板、泡沫隔热材料、塑料板材、壁纸、纤维材料等材料的产物；氡有放射性，是镭钍等放射性蜕变的产物，主要来自建筑装修材料中某些混凝土和天然石材，如石材、瓷砖、卫生洁具、墙砖等。

3. 建筑装修材料中有毒物质的危害

(1) 有毒物质对生态环境的危害

建材行业是不可再生资源依存度非常高的行业，大部分建材的原料来自不可再生的天然矿物原料。再者，由于加工技术落后，建材行业对不可再生资源的综合利用非常低，并且向环境中排放大量的废弃物，给环境带来了远远超过其自身容纳和消化能力的负担。于是，砂石、矿石的采掘就成了在“城市化”名义下的土地转移和转化，而且，采掘及生产过程中产生的大量粉尘、噪声，还带来了大气污染、水体污染等一系列的生态环境问题。

(2) 有毒物质对生态环境的危害

建筑装修材料在生产、使用及废弃阶段均对居民健康危害较大。再者，现代人有80%以上的时间是在室内度过的，婴幼儿、老弱病残者在室内的时间更长，故使用阶段危害尤甚。建筑装修材料中有毒物质对人体的伤害原理基本相同，即当有毒物质释放后，被人体组织吸收，然后通过血液循环扩散到全身各处，时间久了便会造成人的免疫功能失调，使人体组织产生病变从而引起多种疾病。如果人们在通风不良的情况下，短时间内吸入有毒气体，还会引起急性中毒，严重的会出现呼吸衰竭，心室颤动甚至死亡。

二、建筑装修材料有毒物质污染的防治对策

1. 加快制定和修改建材环保标准并开发和生产绿色建材

据国外科学家预测，21世纪将是以研究开发节能、节资源、环保型的绿色建材为中心，以研究和开发节省资源的建筑材料、生态水泥、抑制温暖化建材生产技术、绿化混凝土、家具舒适化和保健化建材等为主题的时代。而目前我国建筑和装饰材料原有的环保标准已不能适应建材市场发展和人们健康生活的需求。为此，必须加快我国制定和修改绿色建材有关环保标准的步伐，加大开发和生产绿色建材的投入，从而实现向国际高标准靠拢目标。主要途径有：(1)引进国外新型无污染的环保建材生产技术，或者与外企合作开发生产无污染的环保建材；(2)吸收国外的先进技术，组织攻关研制和开发国产新型无污染的环保建筑及装饰材料。

2. 采取措施将有毒物质带来的室内污染降至最低限度

(1) 研究和制定建材室内污染的评价标准和方法。迄今为止，我国对于建筑和装饰材料导致室内污染的评价还处于摸索阶段，尚未制定系统的建筑和装饰材料导致室内污染的评价标准和方法。为有效减少建筑和装饰材料导致室内污染对人体的伤害，提高人们的健康水平，必须加快研究步伐，在尽可能短的时间内制定出一套系统的建筑和装饰材料导致室内污染的评价标准和方法。

(2) 施工控制措施。首先，要控制装修材料的进场检验，检验合格后方可使用；其次，要注重对施工过程中产生的有害物质的控制，如禁止在室内使用有机溶剂清洗施工用具，禁止使用苯、甲苯、二甲苯和汽油等有害物质进行除油和清除旧涂料，涂料、胶粘剂、水性处理剂、稀释剂和溶剂使用后应及时封闭存放，施工废料应及时清出室内等等；再次，除要控制施工过程设计选用的主要材料的使用外，还应注重控制多种辅助材料的使用，如应该严禁使用苯、工业苯、石油苯以及混合苯作为稀释剂和溶剂；另外，还要注重对室内环境质量验收的控制，禁止入住不符合国家相关标准的房间。

(3) 在使用居室上采取措施。首先，要注意室内有害气体的检测和净化，新建或装修的住房在入住前的空置时间应尽量长。其次，入住后的房间，应保持室内良好的通风，有条件的用户可以安装空气净化器或新风机，对室内空气中的有毒有害物质进行过滤、吸附、净化。此外，可以在室内适当放一些有吸附、除尘和杀菌功能的绿色植物，以减少有害物质的污染，改善空气质量。

3. 尽快制定一次装修或装饰装修工厂化的技术政策及管理政策

在装饰装修材料方面，继续推广塑料门窗与复合材料门窗、塑料管道及复合管道、

新型建筑防水材料、新型建筑涂料等。通过推广和应用化学建材技术，不断提高化学建材的应用技术水平，使优质产品进一步得到市场的认可，提高优质产品的市场占有率。

4. 加大环保宣传力度

对建筑装修材料有毒物质带来的生态环境污染以及室内空气污染问题，与人们的生活质量和身体健康息息相关，必须在全社会继续进行广泛的宣传教育，促进全社会共同关注建筑装修材料有毒物质的污染问题，引导人们充分认识有毒物质的来源、危害及防护措施。

三、建筑装饰装修材料在施工中的节材措施

(1) 贴面类材料在施工前应该进行总体排版，尽量减少非整块材料的数量。

(2) 尽量采用非木质的新材料或人造板材代替木质板材。

(3) 防水卷材、壁纸、油漆及各类涂料基层必须符合国家标准要求，避免起皮、脱落。各类油漆及粘结剂应随用随开启，不用时应及时封闭。

(4) 幕墙及各类预留预埋应与结构施工同步。

(5) 对于木制品及木装饰用料、玻璃等各类板材等宜在工厂采购或定制。

(6) 尽可能采用自粘类片材，减少现场液态粘结剂的使用量。

第四节　周　转　材　料

一、周转材料的分类及特征

建筑物的生产过程中，不但要消耗各种构成实体和有助于工程形成的辅助材料，还要耗用大量如模板、挡土板、搭设脚手架的钢管、竹木杆等周转材料。所谓周转材料就是通常所说的工具型材料和材料型工具，被广泛应用于隧道、桥梁、房建、涵洞等构筑物的施工生产领域，是施工企业重要的生产物资之一。

周转材料按其在施工生产过程中的用途不同，一般可分为四类：(1)模板类材料。模板类材料是指浇灌混凝土用的木模、钢模等，包括配合模板使用的支撑材料、滑膜材料和扣件等。按固定资产管理的固定钢模和现场使用固定大模板则不包括在内。(2)挡板类材料。挡板是指土方工程用的挡板，它还包括用于挡板的支撑材料。(3)架料类材料。架料类材料是指搭脚手架用的竹竿、木杆、竹木跳板、钢管及其扣件等。(4)其他。其他是指除以上各类之外，作为流动资产管理的其他周转材料，例如塔吊使用的轻轨、枕木(不包括附属于塔吊的钢轨)以及施工过程中使用的安全网等。

周转材料虽然数量较大、种类较多，但一般都具有以下特征：(1)周转材料与低值易耗品作用类似。周转材料与低值易耗品一样，在施工过程中起着劳动手段的作用，随着使用次数的增加而逐渐转移其价值。(2)具有材料的通用性。周转材料一般都要安装后才能发挥其使用价值，未安装时形同普通的材料，一般设专库保管，以避免与其他材料相混淆。(3)因周转材料种类多，用量大，价值低，使用期短，收发频繁，易于

损耗，经常需要补充和更换，故应将其列入流动资产进行管理。

二、施工企业中周转材料管理现状

1. 管理分散

由于现在各施工集团公司的施工项目分布较为广泛，有的遍布全国各地甚至海外，加上每一个施工项目工点都在不同的施工阶段使用大批量不同的周转材料，造成各下属单位周转材料保存量都很大。但是，由于各单位的在建工程量变化性很大且极不均衡，且各单位内部或单位之间都存在着不同程度的配件规格不齐、型号不配套等情况，再加上各单位长期实行自给自足的分散自我管理体制，难免会出现周转材料阶段使用量不均衡，使用效率低、成本高，周转材料闲置浪费等问题。此外，公司内部周转材料的大量调剂，使其内部制定的租赁价格背离市场实际价格，且内部核算导致租赁资金不能按时回收，影响了公司对现有周转资料的维修和更新，从而使工程项目的实际成本得不到真实的反映，这样既影响了社会闲散资源的使用效率，也使专业管理人员的积极性受到影响。可见，集团公司施工周转材料的这种分散管理体制，使许多材料的新购置缺乏计划性，且极易导致公司内部各施工单位的无序竞争和无限扩张。

2. 使用计划不明确

目前大部分施工企业多凭经验估算周转材料的使用计划，对所需材料的规格、品种、数量、成色不能科学量化。例如，某工程需钢管 5000m，很少会有施工单位将这 5000m 的钢管中不同长度又各需多少、其需求量是否与施工建筑结构相匹配等问题计算清楚，而只是大概估算一下，秉承多多益善的原则购置，运到施工现场后，再根据需要将长的锯短，短的丢掉，浪费十分严重。

3. 材料管理人员素质偏低

存在材料员随意报计划，收发材料把关不严，不按规定认真盘点的现象。

三、现状治理措施

1. 周转材料集中规模管理

对周转材料实行集团内的集中规模管理，可以降低企业(整个集团)的工程成本，提高企业的经济效益，提升企业的核心竞争力，并更好地满足集团内多个工程对周转材料的需求，同时也可以为企业与整个建筑行业的进一步融通往来打好基础。

2. 加强材料管理人员的业务培训

为真正做到物尽其用，人尽其才，变过去的经验型材料收发员为新型材料管理人员，企业决策层应对材料人员进行定期培训，以提高他们的工作技能，扩大其知识面，使其具备良好的职业道德素质和较新的管理观念。

3. 降低周转材料的租费及消耗

要降低周转材料的租费及消耗，就要在周转材料的采购、租赁和管理环节上加强控制，具体做法有：(1)采购时，选用耐用、维护与拆卸方便的周转材料和机具。(2)周转材料的数量与规格把好验收关。因租金是按时间支付的，故对租用的周转材料要特别注重其进场时间。(3)与施工队伍签订明确的损耗率和周转次数的责任合同。这样可以保证在使用过程中严格控制损耗，同时加快周转材料的使用次数，并且还可以使租赁方在使用完成之后及时退还周转材料，从而达到降低周转材料成本的目的。

4. 对于周转材料的使用，要根据实际情况选择合理的取得方式

通常情况下，为免去公司为租赁材料而消耗的费用，公司最好要有自己的周转材料。但是，某些情况下租赁也较为经济合理，故公司在使用周转材料前，要综合考虑以下因素，以得出较合理的选择方案。一般需要考虑的因素有：(1)工程施工期间的长短以及所需材料的规格。一般来讲，公司自行购买那些需要长期使用且适用范围比较广的周转材料较为划算。(2)现阶段公司货币资金的使用情况。若公司临时资金紧张，可选择优先临时租赁方案。(3)周转材料的堆放场地问题。周转材料是间歇性、循环使用的材料，因此在选择自行购买周转材料前，应事先规划好堆放闲置周转材料的场地。

5. 控制材料用量，加强材料管理，严格控制用料制度，加快新材料、新技术推广和使用

在施工过程中，优先使用定型钢模、钢框竹模、竹胶板等新兴模板材料，并注重引进以外墙保温板替代混凝土施工模板等多种新的施工技术。对施工现场耗用较大的辅材实行包干，且在进行施工包干时，优先选用制作、安装、拆除一体化的专业队伍进行模板工程施工，可以大大减少材料的浪费。

6. 控制机械设备和周转材料租赁制度，以提高机械设备和周转材料的利用率

具体措施有：(1)项目部应在机械设备和周转材料使用完毕后，立即归还租赁公司，这样既可以加快施工工期，又能减少租赁费用；(2)选择合理的施工方案。先进、科学、经济合理的施工方案，可以达到缩短工期、提高质量、降低成本的目的；(3)在施工过程中注意引进和探索能降低成本、提高工效的新工艺、新技术、新材料，严把质量关，减少返工浪费，保证在施工中严格做到按图施工，按合同施工，按规范施工，确保工程质量，减少返工造成的人工和材料的浪费。

7. 做好周转材料的护养、维修及管理工作

周转材料的护养和维修工作，主要包括以下几个方面：(1)钢管、扣件、U形卡等周转材料要按规格、型号摆放整齐，并且在使用后及时对其进行除锈、上油等维护工作。为不影响下次使用，应及时检查并更换扣件上不能使用的螺丝。方木、模板等周转材料要在使用后要按其大小、长短堆放整齐成型，以便于统计数量。(2)由于周转材料数量大，种类多，故应加强周转材料的管理，建立相应的奖罚措施。如：在使用时，要在相应的负责人员认真盘点数量，材料员方可办理相应的出库手续，并由施工队负责人员在出库手续上签字确认；当工程结算后，应要求施工队把周转材料堆放整齐，以便于统计数量，如果归还数量小于应归还数量，要对施工队做出相应的处罚措施。

8. 施工前对模板工程的方案进行优化

例如，在多层、高层建筑建设过程中，多使用可重复利用的模板体系和工具式模板支撑，并通过采用整体提升、分段悬挑等方案来优化高层建筑的外脚手架方案。

9. 现场办公和生活用房采用周转式活动房

最大限度地利用已有围墙做现场围挡，或采用装配式可重复使用围挡封闭的方法，力争工地临房、临时围挡材料的可重复使用率达到70%。

思考题

1. 为什么要在施工领域积极推行节材措施？
2. 阐述建筑节材与节能的关系。
3. 怎样通过优化方案达到节材的目的？
4. 在实施节材方案优化时，为什么要积极发展并推行绿色建材和新型建材？
5. 我国传统的结构形式有哪些弊端？应选择怎样的结构形式才算合理？为什么？
6. 为什么要从结构支撑体系上减轻结构重量、节约建材消耗，就应该在传统结构材料的选用上做出改变？
7. 为什么要推广商品混凝土和商品砂浆？
8. 为什么要使用高强高性能混凝土？
9. 为什么要大力推广散装水泥的使用？
10. 钢材的节材措施有哪些？
11. 为什么石膏胶凝材料被认为是室内最好的非承重材料？
12. 围护结构用材及施工方面的节材措施有哪些？
13. 建筑装饰装修材料在施工中的节材措施有哪些？
14. 周转材料分为哪几种？
15. 周转材料的管理现状及治理措施有哪些？

参考文献

[1] 绿色施工导则

[2] 钟莲云，张德成．建筑材料可持续发展的关键——绿色建材．国外建材科技，2004，25(1)

[3] 张仁瑜，冷发光．绿色建材发展现状及前景．中国建筑科学研究院建筑材料研究所，北京

[4] 张仁瑜．《建设事业“十一五”技术公告》解读(系列之五)．建筑节材：推广应用材料资源新技术

[5] 中国土木工程学会高强度混凝土委员会．高强度混凝土结构设计与施工指南(第二版)．北京：中国建筑工业出版社，2002

[6] 汤景舟．强化建筑节材措施实现节能减排目标．http：//www.ccpd.cnki.net/gh_view-id4337-lmid129-wenjian1.html

[7] 祝连波，任宏．基于循环经济的建筑节材研究．生态经济，2007，5

[8] 赵宵龙．建筑节材功在当代利在千秋．[EB/OL]．[2005-09-04]．http：//www.zgwhjs.com/

[9] 蔡自力．节能节水节材资源综合利用——建筑材料行业面临的机遇和挑战．福州建材，2005，4

[10] 孙青稗．加大力度推广新型堵材．中国建材科技，2000，5

[11] 陈燕．选用节约型材料建造节约型住宅．http：//www.chinahouse.gov.cn/zzbp5/z1242.htm

[12] 局集团及三公司有关施工组织设计的具体规定．http：//www.mbec3.com/mbec/sgkj/095252558.html

[13] 沈建祥．绿色建筑施工管理．中国新技术新产品，2009，16

[14] 解文红．轻钢屋架在设计施工中的体会．河北煤炭，2006，4

［15］　朝国伟．谈钢结构工程事故原因分析和处理对策．建材与装饰，2008，6
［16］　论施工企业降低工程成本的途径．http：//www. 35px. net/education _ info. asp？keyno＝618
［17］　我国建筑用钢需求总量仍将增加．http：//news. jc001. cn/detail/272381. html
［18］　王有为．绿色施工：绿色建筑核心理念——《绿色施工导则》技术要点解读．建筑装饰材料世界，2008，3
［19］　侯铁军．高强度混凝土材料与施工质量控制．福建建材，2009，4
［20］　吴中伟，廉慧珍著．高性能混凝土．北京：中国铁道出版社，1999
［21］　建设事业“十一五”重点推广技术领域．http：//www. gsjs. com. cn/looknews. asp？ID＝3680
［22］　新型预制混凝土构件应用技术．http：//www. zlaq. cn/9. htm
［23］　刘绍德．清水混凝土的发展与应用．科技信息 2008，11
［24］　李继业著．新型混凝土技术与施工工艺．北京：中国建筑工业出版社，2002
［25］　赵帆，赵志缙．我国钢结构工程技术的新进展：新版《建筑施工手册》第 16 章内容精选．建筑技术，1997，28(4)：246～248
［26］　涂逢祥．建筑节能势在必行．人民日报，2004-04-07
［27］　周笑绿．循环经济与中国建筑垃圾管理．建筑经济，2005，6：14～16
［28］　国家经济贸委员员会，国家发展计划委员会．关于发展新型建材的若干意见．新型建筑材料，2000，11：1～2
［29］　严捍东主编．新型建筑材料教程．北京：中国建筑工业出版社，2006
［30］　李红兵，李蕾．我国住宅新型墙体材料的发展现状与对策．国外建材科技，2001，22(3)：117～119
［31］　王重生．环保型房屋建筑材料的选用．攀枝花学院学报，2002，4
［32］　徐海军．绿色混凝土的研究现状及其发展趋势．广州建筑，2008，6
［33］　毛金旺．新型建筑材料房屋的系统集成．新型建筑材料，2001，10
［34］　蔡丽鹏，赵磊．时代呼唤绿色建筑装饰材料．福州建材，2009，3

第四章 节水与水资源利用

随着人口增长和经济社会的发展，水资源的需求量也在增加，水资源供求矛盾日益突出。水资源的短缺及水环境的污染问题已成为全球关注的热点，2001 年 8 月 28 日在南非约翰内斯堡举行的联合国可持续发展首脑会议上，全体与会代表一致通过将水危机列为未来 10 年人类面临的最严重挑战之一。可见，水资源犹如“21 世纪的石油”，也成为了人类在 21 世纪面临的又一大挑战。

相关资料显示，我国河川径流量达 27115 亿 m^3，地下水资源量 8288 亿立方米，扣除两者之间的重复计算水量 7279 亿 m^3 后，全国多年平均水资源总量为 28124 亿 m^3，居世界第六位(不包括台湾省为 27460 亿 m^3)，总量并不少。但由于我国人口众多、耕地绝对数量大，以 1994 年人口和实际耕地面积计，全国人均水量约 2300m^3，不到世界平均水平的 1/5，亩均水量 1378m^3，约为世界平均水平的 2/3。而且，我国多年平均年降水量为 6.19 亿 m^3，平均年降水深 648mm，低于全球陆面(834mm)和亚洲陆面(740mm)的年降水深。更令人无奈的是，降水量中的 56.2%被植物蒸腾、土壤和地表水体蒸发所消耗，只有 43.8%形成径流。

此外，我国的水土资源在空间上的匹配极不平衡：南方耕地占全国总耕地的 2/5，而水资源却占全国的 4/5；北方耕地占全国的 3/5，并且可耕后备荒地主要分布在北方，而水资源只占全国的 1/5。北方地区水资源不足已经成为农业增产的主要制约因素，也成为影响我国农业经济的一大瓶颈。加上多年来在经济较发达的东部特别是东南部地区耕地持续减少、北方耕地的开垦量持续增加的现状，我国水土资源的空间匹配变得更加失衡，加剧了水资源保障压力。另外，生态环境退化特别是森林面积的缩小，减弱了森林蓄涵水量的生态功能，加之我国降水暴雨多、季节集中，更是大大减少了洪水期水资源的可利用量。

联合国开发署公布的《2002 年中国人类发展报告：使绿色发展成为选择》指出：“中国目前有将近 7 亿人得不到安全的饮用水，日趋增加的水需求正使水资源承受巨大的压力，环境污染已经严重阻碍甚至逆转国家在经济建设中取得的骄人成就的进步”。由以上资料可以看出，我国不但是水资源十分匮乏，而且形势较为严峻。

水是经济社会发展不可缺少的战略物质，经济社会可持续发展必须以水资源的可持续利用为支撑。使水资源可持续利用的条件主要有以下几个方面：

第一，水资源利用要遵循自然资源的可持续性法则，即在使用生物和非生物资源时，要使其在数量和速度上不超过它们的恢复再生能力，并以其最大持续产量为最大限度作为其永续供给的最大可利用程度，来保证再生资源的可持续性永存。人们在开发和利用水资源时，只有遵循上述自然资源可持续性法则，才能保证水资源的可持续利用，否则水资源的可持续性就要受到破坏。

第二，水资源的开发利用不能超过“水资源可利用量”。水资源是指可利用或可能被利用的水源，它具有可供利用的数量和质量，并且是在某一地点为满足某种用途而可被利用的。一般意义上的水资源，是指能通过水循环逐年更新的，并能够为生态环境和社会经济活动所利用的淡水，包括地表水、地下水和土壤水。但是，一方面由于多个因素作用下的自然条件具有多变性，另一方面是因为人类对水资源的开发利用能力受经济和技术水平的限制，实际可利用的水资源数量应该会小于水资源量，再加上经济社会发展必须与水资源承载能力相协调等因素的影响，通过水文系列评价计算出的某一特定流域或地区的年平均水资源量一般不会等同于该流域(或地区)水资源的实际可利用量。

第三，水资源的开发利用程度要在水资源的承载能力范围之内。水资源承载能力是指流域(或地区)的水资源可利用量对某一特定的经济和社会发展水平的支撑能力。对某一流域(或地区)而言，在特定的经济和社会发展水平下，水资源的承载能力是相对有限的。这是因为，人口增长、城市化水平的提高、产业结构的调整等因素都会引起用水结构和用水方式的改变，从而引起用水总量的变化，最终导致水资源承载能力的变化。

本章将通过对我国水资源利用现状及问题的分析，从提高用水效率、利用非传统水源、安全用水三个方面来阐述施工中节水与水资源合理利用的措施，从而在施工领域实现水资源的可持续发展。

第一节　提高用水效率

一、水资源利用现状及问题

如前所述，我国人均水资源量为2220m^3，只占世界人均水平的1/4。据预测，到2030年我国人口将达到16亿，人均水资源量也将下降到1760m^3，接近国际公认的用水紧张标准。可见，水资源短缺问题将会成为我国国民经济发展的一大制约因素。另一方面，我国工业万元产值耗水量平均为136m^3，是发达国家的5～10倍；农业灌溉水的利用系数平均仅有0.45，发达国家则达0.7～0.8；全国多数用水器具和自来水管网的浪费损失在20%以上。这些数字又告诉我们，我国工业、农业等各部门的水资源浪费问题也不容忽视。为提出有效的节水和提高水资源利用效率的措施，首先将我国水资源的利用现状及问题作如下总结：

1. 水资源供求矛盾加剧

随着人口的持续增长、经济的高速发展、工农业和人民生活用水的持续增加，目前存在的水资源供求矛盾更趋激化。其主要表现在：(1)需水量增长速度超过供水量的增长速度，导致供求总量不平衡现象加剧，供水状况趋于恶化；(2)北方地区和沿海工业发达地区等地域性水资源供求矛盾的加剧，将严重制约社会经济的发展；(3)巨大的人口压力迫使耕地灌溉用水量持续增加，而工业城市用水量也与日俱增，加剧了部门用水的矛盾。

2. 水价太低，浪费惊人，利用效率不高

首先，我国水价太低，没有反映水资源的稀缺程度。据统计，我国水费仅占工业产品成本的0.1%～0.3%，占消费支出的0.23%，全国农业用水平均水价仅占供水成本的50%～60%。由此比例推算，2005年我国万元GDP用水量约为304m³(当年价)，而发达国家的万元GDP用水量一般在100m³以下。如果再考虑购买力等因素话，我国的万元GDP用水量则约为发达国家的5～10倍。另一方面，由于水质要求的提高，相应的设施改造、升级成本的增加，使企业经营压力大，常年亏损，形成成本价格倒挂的局面。

其次，我国各行业用水量持续增长，浪费大得惊人。主要表现在：(1)我国正处于工业化初期阶段，生产设备陈旧，生产工艺落后，工业结构中新兴技术产业比重偏低，加上管理水平较低，绝大多数地区的工业单位产品耗水率高，且水的重复利用率低。据统计，我国的用水总量和美国相当，但GDP仅为美国的1/8；工业用水的重复利用率为30%～40%，而发达国家为75%～85%。(2)农业灌溉技术落后，用水量大，水的利用系数较低。我国农村仍然习惯于大水漫灌的灌溉方式，新的灌溉技术推广进展缓慢。据推算，我国农田灌溉用水量3200多亿m³，1m³水产粮平均为1kg左右，而发达国家1m³水产粮平均在2kg以上。不少学者研究指出，我国的农业用水若能采取有效节水措施，可望节约用水量近1000亿m³，潜力十分巨大。

此外，很多资料表明，在我国城市建设、农村建设的过程中，除去正常的生活用水外，反复利用于施工过程中的水量很少。

3. 水资源过度开发，造成对生态环境的破坏

据资料显示，1997年全国水资源的开发利用率为19.9%，不算很高，但地区间的水资源开发利用率分布很不平衡，有些内陆河的开发利用率超过了国际公认的合理限度40%。比如，北方地区，除松花江区外，各流域的水资源开发利用程度在40%～101%范围内，其中海河区当地水源供水量已连续多年超过平均水资源量。黄河、淮河、西北诸河区和辽河流域的开发利用量，已越来越接近其开发利用的极限，水资源的过度开发利用已引发了一系列生态环境问题。事实证明，只有保持水资源补充和消耗平衡，才能确保水资源的可持续利用和生态平衡。滥开滥采、过度利用，会在一定地域范围内影响水环境乃至整个生态环境的平衡，进而加剧该地域范围内的水资源短缺局面。例如，由于地下水的持续超采，我国华北地区形成了世界上最大的“地下水漏斗”。伴随地下漏斗的形成，还可能引发如下所述的一系列环境问题：(1)铁路路基、建筑物、地下管道等下沉开裂，堤防和河道行洪出现危机；(2)单井出水量减少，耗电量增加，采水成本逐年提高；(3)浅井报废，井越打越深，形成恶性循环；(4)海水入侵，地下水质恶化；(5)城区地面下沉，影响城市建设等。

4. 水质污染严重

施工现场产生的污水主要包括雨水、污水两类，其中污水又分为生活污水和施工污水。传统的水资源管理是指在计划经济基础上的分块管理。该管理模式的缺陷主要体现在：管水源的不管供水，管供水的不管排污，管排污的不管治污，管治污的不管回用，施工现场的水资源利用率低下等方面，从而导致严重的施工水体污染及浪费问题。

显而易见，在社会用水效率不高、用水浪费的现象普遍存在、开源条件有限的情况下，要保障和实现水资源的可持续发展，唯一的出路就是要不断提高用水效率，向效率要资源。把提高用水效率、保障国民经济和社会可持续发展摆在突出位置，是在贯彻党的十五届三中全会治水方针，立足我国水情，着眼未来发展的基础上提出的一项高瞻远瞩又切实可行的水资源战略，是党在新时期的治水思路的重要组成部分，是水利工作的关键所在。

二、提高水利用率的措施

要实现水资源的可持续利用，必须依靠科学的管理体制和水网的统一管理。能否实现水资源可持续利用，主要取决于人类生产、生活行为和用水方式的选择，关键是强化水资源的管理和开发。因此，为解决日益严重的缺水和水污染问题，当务之急是加强水资源的统一管理问题，即从水资源的开发—利用—保护和管理等各个环节上综合采取有效的对策和措施。

要提高用水效率(即提高单方水的生产率)，当前现实可行的途径就是在全社会，包括农业、工业、生活等各个方面，广泛推行节水措施，积极开辟新水源，狠抓水的重复利用和再生利用，协调水资源开发与经济建设和生态环境之间的关系，加速国民经济向节水型方向转变。具体措施有：

(1) 要做到控制施工现场的水污染。水污染控制的具体措施如第二章所述。

(2) 将节约用水和合理用水作为水管理考核的核心目标和一切开源工程的基础。当前节水的奋斗目标为：1)农业应减少无效蒸发、渗漏损失，提高单方水的生产率，达到节水增产双丰收；2)工业应通过循环用水，提高水的重复利用率，达到降低单位产值耗水量和污水排放量；3)城市应积极推广节水生活器具，减少生活用水的浪费。可见，要实现当前的节水目标，保证在农业、工业和民用部门实行有效的水资源管理，就要将节水和合理用水作为一项基本国策，并在必要时采取水资源的审计制度。同时，农业、工业和民用部门的水资源有效管理模式，还可以被施工领域的水资源管理工作效仿，从而推进施工领域水资源有效管理体制的形成。

(3) 在施工过程中采用先进的节水施工工艺。例如，在道路施工时，优先采用透水性路面。因为不透气的路面很难与空气进行热量、水分的交换，缺乏对城市地表温度、湿度的调节能力，容易产生所谓的“热岛现象”。而且，不透水的道路表面容易积水，降低了道路的舒适性和安全性。透水路面可以弥补上述不透气路面的不足，同时通过路基结构的合理设计起到回收雨水的作用，同时达到节水与环保的目的。因此，在城市推广实施透水路面，城市的生态环境、驾车环境均会有较大改善，并能推动城市中雨水综合利用工程的发展。

(4) 施工现场不宜使用市政自来水进行喷洒路面和绿化浇灌等。对于现场搅拌用水和养护用水，应采取有效的节水措施，严禁无措施浇水养护混凝土。在满足施工机械和搅拌砂浆、混凝土等施工工艺对水质要求的前提下，施工用水应优先考虑使用建设单位或附近单位的循环冷却水或复用水等。

(5) 施工现场给水管网的布置应该本着管路就近、供水畅通、安全可靠的原则，在管路上设置多个供水点，并尽量使这些供水点构成环路，同时考虑不同的施工阶段，管网具有移动的可能性。另外，还应采取有效措施减少管网和用水器具的漏损。

(6) 施工现场的临时用水应使用节水型产品，安装计量装置，采取针对性的节水措施。例如，现场机具、设备、车辆冲洗用水应设立循环用水装置；办公区、生活区的生活用水应采用节水系统和节水器具，提高节水器具配置比率。

(7) 施工现场建立雨水、中水或可再利用水的搜集利用系统，使水资源得到梯级循环利用。如施工养护和冲洗搅拌机的水，可以回收后进行现场洒水降尘。

(8) 施工中对各项用水量进行计量管理。具体内容包括：1)施工现场分别对生活用水与工程用水确定用水定额指标，并实行分别计量管理机制；2)大型工程的不同单项工程、不同标段、不同分包生活区的用水量，在条件允许的条件下，均应实行分别计量管理机制；3)在签订不同标段分包或劳务合同时，将节水定额指标纳入合同条款，进行计量考核；4)对混凝土搅拌站点等用水集中的区域和工艺点进行专项计量考核。

(9) 充分运用经济杠杆及政府部门的调节作用，在整体上统一规划布局调度水资源，从而实现水资源的长久性、稳定性和可持续性。这就需要加强水资源的统一管理。首先，打破目前“多龙”管水、部门分割、各行其事、难以协调、部门效益高于国家利益的格局，建立权威的水资源主管部门，加强对水资源的统一管理，将粗放型水管理向集约型转变，将公益型发展模式向市场效益型转移。只有管好、用好、保护好有限的水资源，才能解决中国水资源的可持续开发利用问题。其次，采取加强节水知识的宣传教育、征收水资源费、调整水价、实行计划供水、用水许可制度等行政、法律和经济手段，有力地推动节水工作的开展。

值得一提的是，单就凭以上几点节水措施是远远不够的，还要建立节水型的社会，关键不是建筑节水技术的问题，而是人们的节水意识和用水习惯。因此，应该大力倡导人们将淡水资源视为一种珍稀资源，节约用水，促使人们真正有效地树立良好的节水观念。

第二节　非传统水源利用

一、非传统水源的概念及种类

过去为提高供水能力，先是无节制地开发地表水，当江河流量不够时，就接着筑水坝修水库；在地表水资源不足的情况下，人们又转向对地下水的开采；当发现地下水水位持续下降和地表水逐渐枯竭后，又开始了远距离调水工程。当发现，由于无节制的开发地表水，现在很多河流已出现季节性断流现象；由于地下水的超采，地下水位下降，地下水质退化，城市地面塌陷，沿海城市海水入侵等问题日益突出；远距离调水除面临基建投资和运行费用高昂，施工、管理困难等难题外，还面临着生态影响这一重要问题等一系列生态环境及经济负担问题时，我们会意识到这种着眼于传统水资源开发的传统模式，带给我们的后果是那么的令人心痛。

由此可知，要想实现水资源能够可持续利用，必须改变既有的水资源开发利用模式。目前，世界各国对水资源的开发和利用已经将重点转向了非传统水资源，非传统水资源的开发利用正风起云涌。

非传统水资源的开发利用本是为了弥补传统水资源的不足，但已有的经验表明，在特定的条件下，非传统水源可以在一定程度上替代传统水资源，甚至可以加速并改善天然水资源的循环过程，使有限的水资源发挥出更大的生产力。同时，传统水资源和几种非传统水资源的配合使用，还往往能够缓解水资源紧缺的矛盾，收到水资源可持续利用的功效。因此，根据当地条件和技术经济现状确定开发利用水资源的优先次序，采用多渠道开发利用非传统水资源来达到金钱与效益双赢目的的水资源开发利用方法，近年来一直受到世界各国的普遍关注。

非传统水资源包括雨水、中水、海水、空中水资源等。这些水资源的突出优点是可以就地取材，而且是可以再生的。比如，美国加州建设的“水银行”，可以在丰水季节将雨水和地表水通过地表渗水层灌入地下，蓄积在地下水库中，供旱季抽取使用。我国西北部的农田水窖亦如此。再如，在美国、日本、以色列等国，厕所冲洗、园林和农田灌溉、道路保洁、洗车、城市喷泉、冷却设备补充用水等，都大量使用中水。还有，海水用作工业冷却水、生活冲厕水等。再者，海水经过淡化后还可以用作生活饮用水。另外，对于降雨极少和降雨过于集中的地区，在适当的气候条件下进行人工降雨，将空中的水资源化作人间的水资源，也不失为开发水资源的又一条有效途径。可见，根据当地条件合理开发利用各种非传统水资源，可以有效缓解水资源的紧缺现状。

二、非传统水源在施工中的利用

随着水资源短缺和污染问题的日益突出，我国也越来越感觉到问题的严重性，由此在积极采取措施控制水污染和提高用水效率的基础上，加速非传统水源的开发和利用将是缓解水资源短缺的最有效手段之一。为此，为加大非传统水源在施工中的利用量，促进非传统水源在施工领域的开发利用，《绿色施工导则》中特明确提出要力争施工中非传统水源和循环水的再利用量大于30%。本节就从各种非传统水源的来源、可利用性等方面来探讨施工中非传统水源的利用措施。

1. 微咸水、海水利用

首先，我国具有优越的海水利用条件，但与发达国家海水利用量相比，我国海水利用量极少。

我国有18000多千米的大陆海岸线，大于500km^{2}的岛屿有6500多个，具有海水淡化和海水直接利用的有利条件。我国一些经济较为发达的沿海城市，如青岛、大连，在利用海水方面也有一定的经验，其他沿海城市也开始利用海水替代淡水，解决当地淡水资源不足问题。但与发达国家相比，我国海水利用量仍然较少。据资料显示，1985年美国海水利用量已达823亿m^3，1982年日本海水利用量已达160多亿m^3，现在发达国家沿海工业的海水利用量已达90%以上。如果我国也能充分利用优越的海水资源条件，大力开发利用海水资源，将可以大大缓解滨海城市的缺水问题。同时，若能在施工中充分利用城市污水和海水，变废为宝，也将会是一笔很丰厚的财富。

目前，我国海水利用方面的主要问题有：(1)海水淡化产业规模小，海水淡化成本较高。海水淡化的成本已降到目前的5元1吨左右，但相对于偏低的自来水价格而言，仍然偏高，这是制约海水淡化发展的最直接和最主要因素。总体上讲，海水淡化产业化规模不够、市场需求量不大与较高的海水淡化水成本形成互为因果的恶性循环。(2)与发达国家相比，我国海水利用及其技术装备生产缺乏相对集中和联合，技术攻关能力弱，低水平重复引进、研制多，科研与生产脱节现象严重。据资料显示，我国海水淡化日产量仅占世界的0.05%；海水作冷却水用量仅占世界的4.9%；海洋化学资源综合利用的附加值、品种和规模等方面与国外都有较大的差距。(3)由于自来水价格比淡化海水价格要低，加上多年来我国海水利用的推广力度不够，没有明确的法律法规的约束，致使有条件利用海水的地区往往不会优先利用海水。

我国不少平原和盆地的微咸水储藏量较大，但微咸水的开发利用还未受到足够的重视。据悉，我国北方滨海平原和内陆盆地平原腹部矿化度大于2g/L的微咸水及咸水面积有近30万km^2，水量有140亿m^3。若根据施工现场的要求，将咸淡水混合利用，适当交替使用淡水和微咸水，不但可以弥补淡水资源的不足，还可以促进缺水地区农业生产的发展。

再次，我国的矿井水资源利用量也较低。据资料显示，目前我国每年矿井水排出量超过20亿m^3，而矿井水的利用率平均仅为22%。

2. 有计划、大规模地推行雨水利用及中水回用

“中水”起名于日本，“中水”的定义有多种解释，在污水工程方面称为“再生水”，工厂方面称为“回用水”，一般以水质作为区分的标志。主要是指城市污水或生活污水经处理后达到一定的水质标准，可在一定范围内重复使用的非饮用水。但是，利用再生废水的过程中，必须要注意水质的控制问题，需防止因为水质达不到要求而造成的不良影响。

(1) 中水回用中存在的问题

首先，我国中水回用工程的起步晚，至今仍没有系统的规划及完善的中水系统，且现有的中水系统往往存在运行不正常、水质水量不稳定的现象。究其原因主要是由于工艺、设备不过关，而且对系统的运行管理水平不高，致使出现问题时不能及时解决，从而使水质、水量发生较大的波动，甚至停产。

其次，在实际工程中使用中水，并不比使用城市给水更经济。据调研发现，现有运行的中水设施普遍存在设施能力不能充分利用、运行成本过高的现象，有的总运行成本甚至高达11.37元/m^3，且其平均总运行成本也达3.24元/m^3。这就使价格问题成为推广中水回用的主要制约因素。当然，当前水价偏低也是造成中水回用成本相对较高，从而难以推广的重要因素之一。

再次，中水回用水质标准太高。目前我国建筑中水回用执行的水质标准是现行的《生活杂用水水质标准》，该标准中总大肠菌群的要求与《生活饮用水卫生标准》相同，比发达国家的回用水水质标准及我国适用于游泳区的Ⅲ类水质标准还要高。这一方面会使许多现有中水工程不达标，同时也限制了建筑中水工程的推广和普及。

此外，人们对中水的认识存在误区，认为中水“不洁”。很多人对中水的卫生性、安全性等存有顾虑，在感情上无法接受中水，从而影响了中水的推广和普及。

(2) 发展前景

首先，中水的水源较广，对建筑中水而言，其水源一般包括盥洗排水、沐浴排水、洗衣排水、厨房排水和厕所排水等，故基于城市缺水现状，中水回用工程是可以快速解决缺水问题的有效方法。

其次，中水回用既可以减少环境排污量及环境污染，又能减少对水资源的开采，具有极高的社会效益和环境效益，对我国国民经济的持续发展具有深刻的意义。

此外，根据水利部《21世纪中国水供求》分析，2010年后中等干旱年的缺水量将达318亿m^3，到2030年我国将缺水400～500亿m^3。由此可见，积极开发和应用投资省、见效快、运行成本低的中水回用处理技术，已经凸显为确保社会经济可持续发展的重大课题。因此，我们有理由相信，在政策的正确引导下，合理调整城市给水和中水的价格关系，中水回用技术将会有越来越广阔的应用前景，中水工程的发展也一定能为缓解城市用水压力作出突出贡献。

中水工程的发展需要以技术上的可靠性和经济上的合理性为前提条件。根据中水水源的不同，将其他地区中水回用的成功经验总结如下：

1) 优先采用中水搅拌、中水养护，有条件的地区和工程注重雨水的收集和利用。

雨水作为非传统水源，具有多种功能。例如，可以将收集来的雨水用于洗衣、洗车、冲洗厕所、浇灌绿化、冲洗道路、消防灭火等，这样既节约现有水资源，又可以缓解水资源危机。另外，雨水渗透还可以增加地下水，补充涵养地下水源，改善生态环境，防止地面沉降，减轻城市水涝危害和水体污染。

在我国，降雨在时间和空间上的分布都很不均匀，如果能采取有效措施，将雨季和丰水年的水蓄积起来，既可以起到防洪、防涝的作用，又可以解决旱季和枯水年的缺水之苦。但是，目前我国雨洪利用技术的发展还处在探索阶段，雨水大部分由管道输送排走，只有少量雨水通过绿地和地面下渗，这样不但不能使雨水得到有效利用，还要为雨水的排放耗费大量的人力、物力。同时，还对城市水体和污水处理系统造成巨大压力。

国外对雨水的蓄积和利用的研究及应用已经有多年的历史，并取得了许多明显的成效。总结其蓄积和利用两方面的成功经验，大致可以归纳为以下几种。

从雨水蓄积方面来讲，其有效措施主要有：①雨水蓄积设施应注重大、中、小相结合的方式；②在城市和农村均发展雨水利用工程；③在有条件的地方，发展地面水和地下水的联合调蓄。比如，美国加州建立的水银行，就是利用地下蓄水层形成大型的蓄水库，在雨季将雨水或从远距离调来的地表水灌入地下，旱季则从地下抽出使用。

雨水利用方面的成功经验，可以总结为：①雨水利用首先考虑雨水渗透与城市景观、广场、绿地及非机动车道路的规划设计相结合，并注重多种渗透技术综合利用。比如：在广场、停车场及非机动车道路采用透水铺装材料，埋地雨水管选用兼具渗透和排放两种功能的渗透管或穿孔管，设置与道路、广场相结合的下凹式绿地，采用景观贮留渗透水池、屋顶花园及中庭花园、渗井等技术措施，最大限度地增加雨水渗透量，减少径流雨量。②在大型施工现场，尤其是雨量充沛地区的施工现场，建立雨水收集利用系统，充分收集自然降水用于施工和生活中适宜的部位。如：(*a*)通过雨落管、道路雨水口等或直接将降落至屋面、硬质地面的雨水排入绿地或透水性铺装地面，以补给地下水，也可以将其收集到雨水收集管线中。(*b*)优先采用暗渠及渗水槽系统进行雨水收集和处理，且渗水槽内宜装填砾石或其他滤料。(*c*)在收集系统中设置雨水初期径流装置和雨水调节池，经过初期径流池除去受污染较重的初期径流，进行沉淀和处理。处理后的雨水，可结合中水系统用于冲厕、洗车、空调、消防等，也可单独用于场地、道路冲洗，还可用于景观水体补水，多余雨水径流溢流至市政管网直接排放。

多种雨水利用的实例还告诉我们，在雨水利用过程中，一定要注重水质的达标问题，能保证处理后的雨水水质可以达到相应用途的水质标准。而且，在雨水作为景观水体补水时，应在水系统规划中综合考虑水体平面高程、竖向设计、水深等因素，科学确定水体规模和水量平衡，同时，还应加强水体的自净能力，以确保水生态系统的良性循环发展。

2) 施工现场要优先采用城市处理污水等非传统水源进行机具、设备、车辆冲洗、喷洒路面、绿化浇灌等。

据统计，1993 年，我国城市和工业用水已超过 1100 亿 m^3，扣除电力工业用水(按 70%计算)，废污水排放量也达到 577 亿 t，即每天进入河道的废污水接近 1.6 亿 t。2005 年，我国城市和工业用水高达 1666 亿 m^3，废污水排放量达到 717 亿 t，即每天进入河道的废污水已接近 2 亿 t。而且，这些污废水一般被直接排入市政污水管网，不但浪费了大量水资源，还大大增加了市政管网系统的排污压力。21 世纪，我国的城市和工业用水量仍在继续增加，如果仍然将城市污水直接放入河道而不采取任何处理措施的话，我国水资源短缺及污染问题将会进一步加剧。

若能将这些污水加以处理，变废为宝，使其达到环境允许的排放标准或污水灌溉标准，并广泛用于农业灌溉，施工机具、设备、车辆冲洗，路面喷洒，绿化浇灌等，不但起到治理水体污染的作用，还可以起到增加水源、解决农业缺水问题。

3. 中水利用的经济价值

雨水、污水处理作为中水水源，无疑增加了处理设施建设费、运行费和管道铺设费。但从长远来看，中水回用在经济方面也具有许多优越性，具体表现为：

(1) 中水就近回用，缩短了运输距离，还可以减少城市供水和排水量，进而可以减轻城市给水排水管网的负荷，对投资总量而言是较为经济的。

(2) 以雨水、污水作为水源，其开发成本比其他水源的开发成本低。据资料统计，中水处理工程造价约为同等规模上、下水工程造价的 35%～60%。

(3) 中水管道的维护管理费用要比上、下水管道的维护管理费用低。这是因为，虽然随着上、下水价格的提高，中水的成本逐步接近上、下水费，但是，使用 $1m^3$ 的中水就相当于少用 $1m^3$ 的上水，同时少排放接近 $1m^3$ 的污水。也就是说，从用水量方面来讲，使用 $1m^3$ 的中水将相当于 $2m^3$ 的上、下水的使用量，这就相对降低了中水的成本价格。

第三节 安 全 用 水

一、安全、高效地利用水资源

水资源作为一种基础性自然资源和战略性经济资源，是一种人类生存与发展过程中重要且不可替代的资源。由于社会、经济发展中水资源的竞争利用、时空分配的不稳定性，人口增长和水污染造成的水质性缺水日趋严重等因素的影响，水资源在经济发展过程中所体现出来的经济价值不断增加，比其在人类公平生存权下所体现出来的公益性价值更为人们所关注。同时，水作为一种重要的环境要素，是地球表层系统中维护生态系统良性循环的物质和能量传输的载体，因此，水体对污染物质稀释、降解的综合自净功能，在保持和恢复生态系统的平衡中发挥着重要作用。

通常情况下，水是以流域为单元的成为一个相对独立、封闭的自然系统。在一个流域系统内，地表水与地下水的相互转化，上下游、左右岸、干支流之间水资源的开发利用，人类社会经济发展需求与生态环境维持需求之间等，都存在相互影响、相互支持的作用。为此，水资源开发利用的管理与水环境的保护之间也是相互依存、相互支持与相互制约的关系。直观地说，水环境安全是包括水体本身、水生生物及其周围相关环境的一个区域环境概念，以可持续发展的观点，水资源的开发利用与水环境的保护是水资源可持续利用的两个核心因素。水要保持其资源价值，就必须维持水量与水质的可用性、可更新与可维持性，并保证水资源各级用户的权益。因此，要维护水资源的可利用特性，必须对水量与水质进行充分的保护与有效的管理，将污水排放量限制在环境可承受的范围之内。

水环境的保护与管理通常是国家政府的一项公益或公共事业。就水环境的保护与管理和水资源的利用与管理间的相互关系来说，水环境保护事业的发展与管理职能很难像水资源的利用那样可以产生经济效益，在市场经济的推动下逐步走向市场，并在市场竞争机制的引导下，实现资源利用的优化配置与管理。在我国加入 WTO 之后，政府的管理职能从直接参与市场经营与管理职能向服务型职能转变，增强了对公共资产的监督与管理，包括加强水环境保护与管理的政府职能，逐步削弱了可转向市场化开发(如资源利用等)的参与和运作职能。在这种趋势下，我国的现行水管理体制将面临新的改革与挑战。因此，有必要对现行的水保护与管理体制进行全面的分析与认识，理清水资源管理与水环境保护的关系及其与主要部门间的关系，为建立高效率利用、超安全保护的水资源保障体系奠定基础。

二、水资源安全、高效利用的评价体系

水资源安全、高效利用的评价体系是一种以数学模型方法构造对水资源的开发利用及保护进行评价的模糊综合评价方法。在建立评价指标体系时，既要遵循完备性原则，又要反映地区的特点，抓住主要矛盾。同时，为便于实用，该评价体系还应根据各地区的条件、经济状况等各种因素制定不同的评价指标。

以下是一个描述水资源的安全、高效利用的实例，它根据济南地区的实际情况和资料状况，选取了5大方面、22个指标建立的框架体系：

饮用水安全(A1)影响因素：包括水源水质达标率、自来水普及率、缺水人口率，分别用B1、B2、B3表示。

水资源利用效率(A2)影响因素：包括城市节水综合定额、万元GDP用水量(%)、防洪标准达标率、工业用水重复利用率、再生水回用率，分别用B4、B5、B6、B7、B8表示。

水生态环境安全(A3)影响因素：包括单位体积COD含量(mg/l)、废污水排放量占地表水量百分比(%)、工业废污水排放达标率、生态需水量占总资源量百分比(%)、生活、生产供水安全，分别用B9、B10、B11、B12、B13表示。

水管理措施力度(A4)影响因素：包括水资源统一管理制度、供排水检测计量措施力度、水资源调度、管理信息化实现及各类水价机制形成，分别用B14、B15、B16、B17表示。

社会经济效益(A5)影响因素：包括水资源开发利用程度、农业亩均水资源量(/亩)、人均日生活水资源量(/人)、工业万元产值取水量(/万元)及水资源供需平衡程度，分别用B18、B19、B20、B21、B22表示。

经权重确定和评价，该地区的模糊综合评价结果为：水资源高效利用及安全状况隶属于超重警的隶属度为0.3617，隶属于重警的隶属度为0.1920，隶属于警戒的隶属度为0.2055，隶属于微警的隶属度为0.1313，隶属于无警的隶属度为0.1095。

从安全和高效两个角度来对水资源的利用问题进行深入研究，并据此编制有效的评价指标体系，对其水资源开发利用与保护进行如下分析及评价：

随着人口的增长和经济社会的快速发展，我国水资源状况发生了重大变化，缺水范围扩大、程度加剧等水资源短缺的问题已充分暴露出来。而且，在很多地区，水资源的短缺问题已经成为严重阻碍经济发展的主要因素，并直接影响了我国经济社会的可持续发展。因此，要缓解我国水资源的短缺现状，实现水资源的可持续利用，必须采取以水资源的安全、高效利用为目标，以保水为前提，节流优先、治污为本，保护现有水源，多渠道开源，综合利用非传统水源的方针。另外，在非传统水源和现场循环再利用水的使用过程中，还要建立有效的水质检测与卫生保障制度，以避免较差质量的水源对人体健康、工程质量及周围环境产生不良影响。

思考题

1. 实现水资源可持续利用的条件有哪些？
2. 为什么说要保障和实现水资源的可持续发展，就要不断提高用水效率？
3. 提高用水效率的具体措施有哪些？
4. 我国海水利用方面的主要问题有哪些？
5. 阐述我国微咸水、海水利用的现状。
6. 什么是中水？我国中水回用中存在哪些问题？
7. 中水利用的经济价值有哪些？

8. 为什么只有对水量与水质进行充分保护与有效管理，才能维护水的可利用性？
9. 政府及主要部门在水资源利用与管理过程中的作用？
10. 什么是水资源安全、高效利用的评价体系？建立评价体系的标准有哪些？

参考文献

[1] 绿色施工导则
[2] 张本赫，刘显智．我国中水回用存在问题与展望．黑龙江科技信息，2009，16
[3] 祁彦泰．浅谈施工现场的临时用水．山西建筑，2001，4
[4] 温阳，徐得潜．安全、高效利用水资源的探讨．科技信息(学术研究)，2007，(36)
[5] 贯彻全国水利厅局长会议系列评论之四：必须提高用水效率走可持续发展道路，中国水利报，2001年02月10日第001版
[6] 张强．城市绿化中水资源可持续利用的途径．安徽农学通报，2001，7(3)
[7] 李哲．定州市城市中水回用浅议．中国水运，2008，8(5)
[8] 金宝东．可持续发展的校园绿色建筑水系统建设探讨．工程建设与设计，2008，(6)
[9] 高从衔．重视海水资源开发．http：//www.bjkp.gov.cn/gkjqy/hykx/k20518-03.htm
[10] 何炳光．我国海水利用现状．节能与环保，2004，4
[11] 郑立勇，高明云．试论水资源的可持续性利用与管理．云南地理环境研究，2003，15(4)
[12] 钱易．首都水资源管理需要新思路、新策略．前线，2003，(3)
[13] 毛志兵．中建总公司绿色建筑技术综述．施工技术，2006，35(10)
[14] 张鸿涛，庞洪涛，商维臣．城市节水措施初探．水利天地，2006，4：25～26
[15] 汤兆魁．国外节水措施．电子节能，1998，4
[16] 陆伟．浅谈建筑节水措施．石河子科技，2008，5
[17] 建筑给排水设计规范．GB 50015—2003
[18] 林玲．建筑给排水节水技术研究．重庆建筑，2004，5
[19] 黄晓家．建筑给水排水“四节”理念与技术研究．给水排水，2007，33 (7)

第五章 节能与能源利用

第一节 概 述

我国人口众多，能源供应体系面临资源相对不足的严重挑战，人均拥有量远低于世界平均水平。据统计，我国目前煤炭、石油、天然气人均剩余可采储量分别只有世界平均水平的58.6%、7.69%和7.05%。而且，现阶段我国正处在工业化、城镇化快速发展的重要时期，能源资源的消耗强度大，能源需求不断增长，能源供需矛盾愈显突出。所以，节能降耗是我国发展经济的一项长远战略方针，其意义不仅仅是节约资源，还与生态环境的保护、社会经济的可持续发展密切相关。也正是后者的压力催紧节能降耗工作的开展。

建筑的能耗约占全社会总能耗的30%，其中最主要的是采暖和空调，占到20%。

目前，建筑耗能(包括建造能耗、生活能耗、采暖空调等)已与工业耗能、交通耗能并列，成为我国能源消耗的三大"猛虎"。尤其是建筑耗能随着我国建筑总量的逐年攀升和居住舒适度的提高，呈急剧上扬趋势。其中，建筑用能已经超过全社会能源消耗总量的25%，并将随着人民生活水平的提高逐步增至30%以上。

而这"30%"仅仅是建筑物在建造和使用过程中消耗的能源比例，如果再加上建材生产过程中耗掉的能源(占全社会总能耗的16.7%)，和建筑相关的能耗将占到社会总能耗的46.7%。现在我国每年新建房屋20亿m^2中，99%以上是高能耗建筑；而既有的约430亿m^2建筑中，只有4%采取了能源效率措施，单位建筑面积采暖能耗为发达国家新建建筑的3倍以上。根据测算，如果不采取有力措施，到2020年中国建筑能耗将是现在的3倍以上。

这样的数字背后又隐藏着何种隐忧？建筑能耗到底已经严重到何种程度？我国住宅建设用钢平均每平方米55kg，比发达国家高出10%～25%，水泥用量为221.5kg，每立方米混凝土比发达国家要多消耗80kg水泥。从土地占用来看，发达国家城市人均用地82.4m^2，发展中国家平均是83.3m^2，我国城镇人均用地为133m^2。同时，从住宅使用过程中的资源消耗看，与发达国家相比，住宅使用能耗为相同技术条件下发达国家的2～3倍。从水资源消耗来看，我国卫生洁具耗水量比发达国家高出30%以上。

2006年底，全国政协调研组就建筑节能问题提交的调研数据显示：按目前的趋势发展，到2020年我国建筑能耗将达到10.9亿t标准煤。它相当于北京5大电厂煤炭合理库存的400倍。每吨标准煤按我国目前的发电成本折合大约等于2700度电；这样，2020年，我国的建筑能耗将达到29430亿度电，将比三峡电站34年的发电量总和还要多(三峡电站2008年完成发电量808.12亿千瓦时)。因此，建筑节能问题不容忽视。

改革开放以来，建筑节能一直都受到政府有关部门的高度重视。早在1986年，我国就开始试行第一部建筑节能设计标准，1999年又把北方地区建筑节能设计标准纳入强制性标准进行贯彻。国务院办公厅和住房和城乡建设部近年来又相继出台了《进一步推进墙体材料革新和推广节能建筑的通知》（国办发［2005］33号）、《关于发展节能省地型住宅和公用建筑的指导意见》等文件，以推动建筑节能工作。各地方政府也纷纷出台具体落实措施，降低建筑能耗。

然而，由于缺乏完备的监管体系，建筑节能实施情况并不乐观。2005年，住房和城乡建设部曾对17个省市的建筑节能情况进行了抽查，结果发现，北方地区做了节能设计的项目只有50%左右按照设计标准去做。事实证明，中国的建筑节能市场潜力巨大。据不完全统计，如果使用高效能源技术改造现有楼房，每年可以节约大约6000亿元人民币的成本，相当于少建4个三峡电站。

在工业化和城市化的进程中，如果要在下一个15年中保持高于7%的年增长率目标，我国正面临环境恶化和资源限制。实现可持续发展的目标，推广建筑节能、减少建筑能耗至关重要。导致建筑能耗巨大的几大“罪魁祸首”依然猖獗。譬如，在一些地方，特别是城乡结合部和农村地区，实心黏土砖产量居高不下，“封”而不“死”，造成极大的能源消耗；供热采暖的消耗大约占了建筑能耗中近一半，但“热改”在推进过程中依然困难重重，无法实现建筑节能的目标；大型公共建筑的建筑面积不到城镇建筑总面积的4%，却消耗了总建筑能耗的22%，成为能耗的“黑洞”……。

一、节能的概念

什么是节能？节能是节约能源的简称。概括地说，节能是采取技术上可行、经济上合理、有利于环境、社会可接受的措施，提高能源利用率和能源利用的经济效果。也就是说，节能是在国民经济各个部门、生产和生活各个领域，合理有效地利用能源资源，力求以最少的能源消耗和最低的支出成本，生产出更多适应社会需要的产品和提供更好的能源服务，不断改善人类赖以生存的环境质量，减少经济增长对能源的依赖程度。

我国建筑能耗与建筑节能现状：

(1) 建筑总量大幅增加，能耗急剧攀升。目前，我国城乡建筑总面积约400多亿m^2，其中能达到建筑节能标准的仅占5%，其余95%都是非节能高能耗建筑。公共建筑面积大约为45亿m^2，其能耗以电为主，占总能耗的70%，单位面积年均耗电量大约是普通居住建筑的7～10倍。调查显示，2005年底北京三星级以上的宾馆、饭店有300多家，建筑面积超过2万m^2的商场、写字楼约有200家，这些大型公共建筑面积仅占民用建筑的5.4%，但全年耗电量约占全市居民生活用电总量的50%。随着城镇化进程的加快和人民整体生活水平逐渐提高，中国正迎来一场房屋建设的高潮，21世纪头20年，建筑业仍将迅速发展。据目前我国每年竣工房屋建筑面积20亿m^2预测，到2020年，全国城乡将新增房屋建筑面积约300亿m^2。在建筑总量大幅提升的同时，建筑能耗也将持续攀升。据测算，仅建筑用能在我国能源总消耗量中所占比例已从1978年的10%上升到2003年的27.47%。根据发达国家的经验，这个比例将逐步提高到35%左右。作为住宅能耗的大户，空调正在以每年1100万台的惊人速度增长。由于人们对建筑热舒适性的要求越来越高，采暖区开始向南扩展，空调制冷范围由公共建筑扩展到居住建筑。我国农村建筑面积约为250亿m^2，年耗电量约900亿kWh，假如农村目前的薪柴、秸秆等非商品能源完全被常规商品能源替代，则我国建筑能耗将增加一倍。如果延续目前的建筑发展规模和建筑能耗状况，到2020年，全国每年将消耗112万亿度电和411亿t标准煤，接近目前全国建筑能耗的3倍，并且建筑能耗占总能耗的比例将继续提高。

(2) 建筑节能执行力差，能效低。住房和城乡建设部的一项调查显示，2004年，我国按照节能标准设计的项目只有58.5%，按照节能标准施工建造的只有23.3%。当然，导致建筑节能执行力差的原因有很多。在一些地方，出现了一种被称为“阴阳图纸”的设计图，即一套图纸供设计审查用，另一套将建筑节能去掉后供施工用。设计师的建筑节能设计很好，但如果完全按照节能设计做，就会超过开发商的预算。由于不用节能材料后并不影响房屋的整体结构，也不会影响房屋的安全问题，所以，只要相关部门不强行检查，开发商是能省则省。例如，若按节能规定操作，每平方米要多出100多元，一个几万平方米的小区，节能成本远远高于罚款。用廉价建材代替节能材料降低成本，开发商所需要做的仅是提交一份变更协商。建筑节能的关键之一就是建筑材料的节能，包括外墙保温材料、节能门窗等。在欧美日等发达国家，建筑保温材料中聚氨酯占75%，聚苯乙烯占5%，玻璃棉占20%。而在中国，建筑保温材料80%用的是聚苯乙烯，聚氨酯的应用只占了10%。

二、节能的理念

建筑能耗，尤其是住宅建筑的能耗，说到底是一种消费。建筑能耗（实耗值）的增加，以及建筑能耗在总能耗中比例的提高，说明我国的经济结构比较合理，也说明人民生活有了较大提高。而且政府自身在节能上怎么做，往往会影响民众的消费方式，所以，政府的节能宣传显得尤为重要，这是从节能的“工程意识”转变到“全社会的系统意识”的最好途径。当前，许多发达国家每年都会花费巨大的资金来做节能宣传。比如日本政府每年花费约1.2亿美元来向民众宣传环保、节能等理念。但是，老百姓消费观念的转变需要一个长期的过程。据统计，我国节能灯产量占世界总产量的90%左右，但是不幸的是，这其中70%以上都出口了。节能产品的使用给个人带来的收益是经济效益，而国家收到的不仅是经济效益，还有社会效益、环境效益。所以，国家应加大这方面的投入和宣传。

节能是个笼统的概念，对节能属性的认识，有助于发掘节能资源。

1. 节能是具有公益性的社会行为

节约能源与能源开发不同，节能具有量大面广和极度分散两大特点，涉及到各行各业和千家万户，它的个案效益有限而规模效益巨大，只有始于足下和点滴积累的努力，采取多方参与的社会行动，才能“聚沙成塔，汇流成川”。

20世纪70～80年代，节能以弥补短缺为主，约束能源浪费，控制能源消费，以降低能源服务水平为代价，作为缓解能源危机的应急手段。20世纪80年代以来，随着社会资源和环境压力的不断加大，节能转向以污染减排为主，鼓励提高能效，提倡优质高效的能源服务，作为保护环境的一个主要支持手段。现在，节能减排新思维已成为当今全球经济可持续发展理念的一个重要组成部分，为推动节能环保的公益事业注入了新的活力。

2. 节能要建立在效率和效益基础之上

节能既要讲求效率，也要讲求效益，效率是基础，效益是目的，效益要通过效率来实现。这里所说的效率就是要提高能源利用率，在完成同样能源服务条件下实现需要的作业功能，减少能源消耗，达到节约能源的目的。讲求效益就是要提高能源利用的经济效果，使节省的能源费用高于用于节能所支出的成本，达到增加收益的目的，从而使人们分享节能与经济同步增长的利益。

截至目前，我国对于节能材料和技术的推广应用，尚没有较好的激励政策和有效措施，节能在很大程度上还停留在一种企业行为，很多节能产品生产企业因打不开市场而最终退出。借鉴西方发达国家的做法，为推动建筑节能的深入，政府可对不执行节能标准的新建和改扩建建筑工程与节能建筑实行差别税费政策。出台相应的有效激励机制，在税收、经营、技术和市场管理等方面给予企业适当的优惠与帮助，以增强企业的积极性。或者借鉴美、德、日等发达国家的经验，由政府直接给予节能产品生产企业生产的节能产品一定比例的补贴，或采取减免生产企业和用户税费的方式进行支持。为鼓励厂家和用户实现更高的能源效率标准，对通过高标准节能认证的产品，由公益基金提供资金返还，也是一项不错的激励机制。

3. 节能资源是没有储存价值的“大众”资源

节能资源与煤炭、石油、天然气等自然赋存的公共资源不同，它是需求方的消费者自身拥有的潜在资源，这种资源一旦得以发掘，就会减少煤炭、石油、天然气等公共资源的消耗，成为供应方的一种替代资源。基于节能资源的这一“私有”属性，期望消费者参与节能减排的公益活动，需要采取以鼓励为主的节能推动措施，激发他们投资能效去挖掘自身的节能潜力，为他们主动参与和自主选择适合自身需要的效率措施创造一个有利的实施环境，使节能付诸行动并落实到终端，最终产出节能资源。

4. 节能的难度是缺少克服市场障碍的有效办法

节能重在行动，贵在坚持。树立正确的节能理念，培育务真求实的节能意识是推动节能最积极的内在动力，它需要有激发人们节能内在动力的运作机制。

应当理解，节能不是工业、农业、商业、服务业盈利的主要目标，很难在会计账目上看到节能的货币价值；节能不是企事业主管关注的运营领域；节能也不是大众致富的来源。所以，人们对节能没有足够的热情，更多关注的是能够获得可靠的能源供应，实现他们需要的能源服务，很少能领悟到节能既是一种收获，又是一份奉献。因此，节能的难度不是来自技术障碍，需要的是能够在日常活动中持续发挥作用的节能运作机制。

目前我国有关建筑节能技术标准体系尚不够健全，还没有形成独立的体系，从而无法为建筑节能工作的开展适时提供全面、必要的技术依据。随着建筑节能工作的进展，迫切需要建立和完善建筑节能技术标准体系以促进我国的建筑节能工作健康、持续的发展。建立建筑节能监管体系，将建筑节能设计标准的监管进一步延伸至施工、监理、竣工验收、房屋销售等各个环节。规范节能认证标准，避免出现类似节能灯“节电不节钱”的现象，有效打击不法“伪节能”企业和产品，改变节能材料市场品牌杂、质量良莠不齐的局面等等，仍然有很长的路要走。

三、施工节能的概念

一般来说，施工节能是指建筑工程施工企业采取技术上可行、经济上合理、有利于环境、社会可接受的措施，提高施工所耗费能源的利用率。

目前，我国在各类建筑物与构筑物的建造和使用过程中，具有资源消耗高，能源利用效率低，单位建筑能耗比同等气候条件下的先进国家高出2～3倍等特点。近年来，党中央、国务院提出要建设节约型社会和环境友好型社会，作为建筑节能实体的工程项目，必须充分认识节约能源资源的重要性和紧迫性，要用相对较少的资源利用、较好的生态环境保护，实现项目管理目标，除符合建筑节能外，主要是通过对工程项目进行优化设计与改进施工工艺，对施工现场的水、电、建筑用材、施工场地等要进行合理的安排与精心组织管理，做好每一个节约的细节，减少施工能耗，创建节约型项目。

四、施工节能与建筑节能

所谓建筑节能，在发达国家最初定义为减少建筑中能量的散失，现在普遍定义为“在保证提高建筑舒适性的条件下，合理使用能源，不断提高建筑中的能源利用率”。它所界定的范围指建筑使用能耗，包括采暖、空调、热水供应、炊事、照明、家用电器、电梯等方面的能耗，一般占该国总能耗的30%左右。随着我国每年以10亿m^2的民用建筑投入使用，建筑能耗占总能耗的比例已从1978年的约10%上升到目前的30%左右。我国近期建筑节能的重点是建筑采暖、空调节能，包括建筑围护结构节能，采暖、空调设备效率提高和可再生能源利用等。

而施工节能是从施工组织设计、施工机械设备及机具以及施工临时设施等方面的角度，在保证安全的前提下，最大限度地降低施工过程中的能量损耗，提高能源利用率。

二者属于同一目标的两个过程，有本质的区别。当节能被作为一件大事情提上全社会的议事日程时，很多人更多关注的是建筑物本身该如何节能，而施工过程中的节能情况，则被大多数人所忽视。

五、施工节能的主要措施

1. 制定合理的施工能耗指标，提高施工能源利用率

由于施工能耗的复杂性，再加上目前尚没有一个统一的提供施工能耗方面信息的工具可供使用，所以，什么是被一致认可的施工节能难以界定，这就使得绿色施工的推广工作进程十分缓慢。因此，制定切实可行的施工能耗评价指标体系已成为在建设

领域推行绿色施工的瓶颈问题。

一方面，制定施工能耗评价指标体系及相关标准可以为工程达到绿色施工的标准提供坚实的理论基础；另一方面，建立针对施工阶段的可操作性强的施工能耗评价指标体系，是对整个项目实施阶段监控评价体系的完善，为最终建立绿色施工的决策支持系统提供依据；同时，通过开展施工能耗评价可为政府或承包商建立绿色施工行为准则，在理论的基础上明确被社会广泛接受的绿色施工的概念及原则等，为开展绿色施工提供指导和方向。

合理的施工能耗指标体系应该遵循以下几个方面的原则：

(1) 科学性与实践性相结合原则。在选择评价指标和构建评价模型时，要力求科学，能够确确实实地达到施工节能的目的，以提高能源的利用率；评价指标体系的繁简也要适宜，不能过多过细，避免指标之间相互重叠、交叉；也不能过少过简，导致指标信息不全面而最终影响评价结果。目前，施工方式的特点是粗放式生产，资源和能源消耗量大、废弃物多，对环境、资源造成严重的影响，建立评价指标体系必须从这个实际出发。

(2) 针对性和全面性原则。首先，指标体系的确定必须针对整个施工过程，并紧密联系实际、因地制宜，并有适当的取舍；其次，针对典型施工过程或施工方案设定统一的评价指标。

(3) 指标体系结构要具有动态性。要把施工节能评价看作一个动态的过程，评价指标体系也应该具有动态性，评价指标体系中的内容针对不同工程、不同地点，评估指标、权重系数、计分标准应该有所变化。同时，随着科学进步，不断调整和修订标准或另选其他标准，并建立定期的重新评价制度，使评价指标体系与技术进步相适应。

(4) 前瞻性、引导性原则。施工节能的评价指标应具有一定的前瞻性，与绿色施工技术经济的发展方向相吻合；评价指标的选取要对施工节能未来的发展具备一定的引导性，尽可能反映出今后施工节能的发展趋势和重点。通过这些前瞻性、引导性指标的设置，引导未来施工企业的施工节能发展方向，促使承包商、业主在施工过程中重点考虑施工节能。

(5) 可操作性原则。指标体系中的指标一定要具有可度量性和可比较性，以便于操作。一方面对于评价指标中的定性指标，应该通过现代定量化的科学分析方法加以量化；另一方面评价指标应使用统一的标准衡量，消除人为可变因素的影响，使评价对象之间存在可比性，进而确保评价结果的公正、准确。此外，评价指标的数据在实际中也应方便易得。

总之，在进行施工节能评价过程中，必须选取有代表性、可操作性强的要素作为评价指标。以致所选择的单个评价指标，虽仅反映施工节能的一个侧面或某一方面，但整个评价指标体系却能够细致反映施工节能水平的全貌。

2. 优先使用国家、行业推荐的节能、高效、环保的施工设备和机具

工程机械的生产成本除了原材料、零部件外，主要是生产过程中的电、水、气的消耗和人工成本。节能、降耗的目标也就相应明显，就是降低生产过程中的电、水、气消耗，并把产生的热量等副产品加以利用。从目前的节能技术和产品来看，国内在上述方面已经比较成熟。除了变频技术节电外，更有先进的利用节能电抗技术对电力系统进行优化处理。

作为工程机械的终端用户，建筑企业在施工过程中应该优先使用国家、行业推荐的节能、高效、环保的施工设备和机具，淘汰低能效、高能耗的老式机械。

3. 施工现场分别设定生产、生活、办公和施工设备的用电控制指标，定期进行计量、核算、对比分析，并有预防与纠正措施

建筑施工临时用电主要应用在电动建筑机械、相关配套施工机械、照明用电及日常办公用电等几方面。施工用电作为建筑施工成本的一个重要组成部分，其节能已经成为现在建筑施工企业深化管理、控制成本的一个有力窗口。

根据建筑施工用电的特点，建筑施工临时用电应该分别设定生产、生活、办公和施工设备的用电控制指标，定期进行计量、核算、对比分析，并有预防与纠正措施。

4. 在施工组织设计中，合理安排施工顺序、工作面，以减少作业区域的机具数量，相邻作业区充分利用共有的机具资源

安排施工工艺时，应优先考虑耗用电能的或其他能耗较少的施工工艺。避免设备额定功率远大于使用功率或超负荷使用设备的现象。

按照设计图纸文件要求，编制科学、合理、具有可操作性的施工组织设计，确定安全、节能的方案和措施。要根据施工组织设计，分析施工机械使用频次、进场时间、使用时间等，合理安排施工顺序和工作面等，减少施工现场或划分的作业面内的机械使用数量和电力资源的浪费。

安排施工工艺时，应优先考虑耗用电能的或其他能耗较少的施工工艺。例如：在进行钢筋的连接施工时，尽量采用机械连接，减少采用焊接连接。

5. 根据当地气候和自然资源条件，充分利用太阳能、地热等可再生能源

太阳能、地热等可再生能源的利用与否是施工节能不得不考虑的重要因素。特别在日照时间相对较长的我国南方地区，应当充分利用太阳能这一可再生资源。例如：减少夜间施工作业的时间，可以降低施工照明所消耗的电能；工地办公场所的设置应该考虑到采光和保温隔热的需要，降低采光和空调所消耗的电能。地热资源丰富的地区应当考虑尽量多地使用地热能，特别是在施工人员生活方面。

6. 因地制宜，推进建材节约

要积极采用新型建筑体系，因地制宜，就地取材，推广应用高性能、低材耗、可再生循环利用的建筑材料。选材上要提高通用性、增加钢化设施材料的周转次数，少用木模，减少进场木材，降低材料资金投入。如：推广应用 HRB500 级钢筋，直螺纹钢筋接头，减少搭接；优化混凝土配合比，减少水泥用量；做清水混凝土，减少抹灰量；推广楼地面混凝土一次磨光成活工艺等。要根据施工现场布置、工程规模大小，合理划分流水施工区域，将各种资源（包括人力资源、物资资源）充分利用。结合工程特点和在不影响工程质量的情况下，回收与利用被拆除建筑的建材与部品，合理利用废料，减少建筑垃圾的堆放、处理费用，现场垃圾宜按可回收与不可回收分类堆放。如：现场垃圾中不可避免地夹杂一些扣件、铁丝、钢筋头、可利用的废竹胶合板，要安排专人进行垃圾的分类与回收利用。对于少量的混凝土及砌体垃圾，要进行破碎处理，当作骨料进行搅拌，作为临时场地硬化的原料。办公、生活用房若使用活动房，墙体可采用保温隔热性能较好的轻钢保温复合板，提高节能效果，又可多次周转使用，节约材料。同时，要确定适用、先进的施工工艺，在施工时一次施工成功和水电管线的预埋到位，避免施工过程中多次返工和因工序配合不好造成的破坏及浪费建筑材料，以节省费用。

7. 采取有效措施节约用水

施工现场生活用水要杜绝跑、冒、滴、漏现象，使用节水设备，采用质量好的厚质水管进行水源接入，避免漏水。混凝土墙、柱拆模后及时进行覆盖保温、保湿、喷涂专用混凝土养护剂进行养护，避免用水养护。混凝土表面不存贮水分，避免养护时用水四处溢水、大量流失浪费。在节约生活用水方面，安排专人对食堂、浴室、储水设施、卫生间等处的用水器具进行维护，发现漏水，及时维修。生活区有进行植被绿化的，要尽量种植节水型植被，定时浇灌，杜绝漫灌。同时，要做好雨水收集和施工用水的二次利用，将回收的雨水和经净化处理的水循环利用，浇灌绿化植被、清洗车辆和冲洗厕所等。

8. 合理布局，强化利用施工场地

在设计阶段，要树立集约节地的观念，适当提高工业建筑的容积率，综合考虑节能和节地，适当提高公共建筑的建筑密度，居住建筑要立足于宜居环境合理确定住宅建筑的密度和容积率。施工阶段，施工的办公、生产用房要尽量减少，除必要的施工现场道路要进行场地硬化外，应多绿化，营造整洁有序、安全文明的施工环境。道路的硬化可使用预制混凝土砌块，工程完工后，揭掉运走，下一个工地重复使用。要按使用时间的先后顺序，统筹分类堆放建筑材料，避免材料堆放杂乱无章；施工用材尽量不要安排在现场加工，减少材料堆放场地。建筑垃圾要及时清理、运走，腾出施工场地，以防影响施工进度。

第二节　机械设备与机具

一、建立施工机械设备管理制度

建筑施工企业是机械设备和机具的终端用户，要降低其能量损耗，提高其生产效率，实现“能耗最低、效益最大”这一目标，首先应该管理好施工机械设备。

机械设备管理是一门科学，是经营管理和技术管理的重要组成部分。随着建筑施工机械化水平的不断提高，工程项目的施工对机械设备依赖程度越来越大，机械设备已成为影响工程进度、质量和成本的关键。机械设备的能耗占建筑施工耗能很大一部分的比例，所以保持机械设备低能耗、高效率的工作状态是进行机械设备管理的唯一目标。

机械设备的管理分为使用管理和维护管理两个方面。

1. 机械设备的使用管理

在大型工程项目的施工过程中，机械设备具有数量多、品种复杂且相对集中等特点，机械设备的使用应有专门的机械设备技术人员专管负责；建立健全施工机械设备管理台账，详细记录机械设备编号、名称、型号、规格、原值、性能、购置日期、使用情况、维护保养情况等，大型施工机械定人、定机、定岗，实行机长负责制，并随着施工的进行，及时检查设备完好率和利用率，及时订购配件，以便更好维护有故障的机械设备；易损件有一定储备，但不造成积压浪费，同时做好各类原始记录的收集整理工作，机械设备完成项目施工返回时，由设备管理部门组织相关人员对所返回的设备检查验收，对主要设备需封存保管；另外，机械设备操作正确与否直接影响其使用寿命的长短，提高操作人员技术素质是使用好设备的关键。

对施工机械设备的管理，应制定严格的规章制度，加强对设备操作人员的培训考核和安全教育，按机械设备操作、日常维护等技术规程执行，避免由于错误操作或疏忽大意，造成机械设备损坏的事故。设备状况好坏直接关系到经济技术指标的完成。首先，应该加强操作人员的技术培训工作，操作人员应通过国家有关部门的培训和考核，取得相应机械设备的操作上岗资格；其次针对具体机型，从理论和实际操作上加强双重培训，只有操作人员掌握一定理论知识和操作技能后，才能上机操作；再次，加强操作人员使用好机械设备的责任心，积极开展评先创优、岗位练兵和技术比武活动，多手段培养操作人员刻苦钻研，爱岗敬业，竭诚奉献的精神也是施工机械设备管理过程中的重要一环。

2. 施工机械设备的维护管理

加强机械设备的维护管理，提高机械设备完好率是施工企业面临的重要课题。机械设备运行到国家有关标准的行驶里程或超过有关标准规定间隔运行时间，为保持其良好的技术状况和工作性能，必须进行维护。以完善的管理手段实现使用与维护有机结合，充分发挥施工机械综合生产效能，保护环境，降低运行消耗，对施工企业提高施工质量和降低能耗具有重要意义。

施工机械维护分为日常维护、定期维护等。机械设备的维护根据施工机械的结构和使用条件不同，维护性质和具体工作内容也有所变化。

(1) 日常维护管理。其实质是为了保证施工机械处于完好的技术状况和具备良好的工作性能，保证机械有效运行。日常维护管理由各设备操作人员执行，机械设备日常维护工作是其主要的工作职责之一，主要工作内容包括施工机械每次运行前和运行中的检视与排除运行故障，及运行后对施工设备进行养护，添加燃料和润滑油料，检查与消除所发现的故障等。

(2) 定期维护管理。指建筑施工企业对施工机械设备须按维护保养制度规定的维护保养周期，或说明书中规定的保养周期，定期进行强制性维护保养工作。主要包括例行维护保养、一级维护保养、二级维护保养、走合期维护保养、换季性维护保养、设备封存期维护保养等，须严格按时强制执行，不得随意延长或提前作业。有的施工企业往往以施工任务紧、操作人员少、作业时间长等理由对设备保养进行推脱，极易造成机械设备早期磨损，这种思想必须根除。按有关规定需要进行维护保养的机械，如果正在工地作业，以在工程间隙进行维护保养，不必等到施工结束进行。

(3) 加强设备维修保养制度，坚持设备评优工作。

1）机械设备保养、维修、使用三者既相互关联，又互为条件。任何机械设备在使用一段较长时间后，都会出现不同程度的故障，为降低故障发生的概率、延长设备使用寿命，应该根据机械设备的使用情况，密切配合施工生产，按设备规定的运转周期(公里或小时)定期做好各项保养与维修工作。另外，设备管理部门在制定维修及保养计划时可以根据各类设备的具体情况，以及新旧设备的不同特点，采取不同的措施。

施工机械保养维护直接影响其使用寿命，而且具有季节性特征。在炎热的夏季，由于气温较高、雨量多、空气潮湿、辐射热强，给机械施工带来许多困难。譬如：因冷却系统散热不良，发动机温度很容易超高，影响发动机充气系数，使功率下降；润滑油因受高温影响而黏度降低，润滑性差；施工现场水多，空气潮湿等容易导致机械的金属零件生锈；机械离合器与制动装置的摩擦部分也会因为温度过高而磨损增加甚至烧蚀；液压系统因工作油液黏度降低而引起系统外部渗漏和内部泄漏，使其传动效率降低等。因此，在高温季节对施工机械的使用和保养的好坏将直接影响施工效率。

① 必须加强发动机冷却系统的维护和保养。经常检查和调整风扇皮带的张紧度，防止风扇皮带过松打滑而降低冷却强度，并防止风扇皮带过紧致使水泵轴承过热而烧损。对冷却系统各管道和接头处应经常检查，发现破裂和漏水应及时排除，保持散热器上水室的水位有足够的高度，并及时增补。切勿在工作中发现缺水而在发动机过热的情况下，向发动机加注冷水。

② 在冷却系统保养过程中应重视水垢的清除工作，使冷却系统的管道畅通，以加速冷却水的循环。由于水垢的导热性差(约比铸铁小十几倍)，所以冷却系统内的散热器、水管等内部沉积水垢以后，不但直接导致散热性能变差，还会使冷却水容量减少，降低冷却效果。由于施工机械在施工生产过程中条件相对恶劣，在没有软水或夏季干旱少雨的地方，发动机冷却系统内加注的冷却水必须进行软化处理。软化处理最简单的办法是煮沸后经沉淀即可使用，或者有条件的前提下可加入硬水软化剂进行软化，软化后应经过滤再加入发动机。若因冷却系统沉积水垢过多，经常引起发动机过热时，应进行清洗和除垢。一般的铸铁发动机除垢方法是：待发动机熄火后，趁热放出冷却水(在每 10L 清水中加入 750g 烧碱和 250g 煤油)，溶液注入发动机后启动发动机并以中速运转 5～10min。然后待溶液在机内停留 10h 之后，重新启动发动机，以中速运转 5～10min 后放出溶液，最后注入清水使发动机以中速运转进行清洗，如此进行 2～3 次即完成除垢工作。

③ 要加强发动机及传动部分的润滑和调整工作。

在高温下发动机及各传动部分机构能迅速启动和运转，对磨损所产生的影响主要取决于采用的润滑油品质。因此，对发动机及传动机构，在夏季高温条件下施工时应换用低点较高的润滑脂，对液压传动系统中的工作油液也要采用专门的夏季用油。同时，由于夏季炎热、多雨，还应特别防止水分或空气进入内部。若油中进入空气和水分，当油泵把油液转变为高压工作油液时，空气和水分就会助长系统内热的急剧增加而引起发动机过热，过热将使工作油液变稀，并加速油液氧化以及系统内部各零件的磨损和腐蚀，降低系统的传动效率。

对在夏季和在南方施工的机械来说，特别是化油器式发动机的燃料系统应进行适当的调整。一般主要采取降低化油器浮子室的油面高度、减少主喷管与省油器的出油量等措施；此外，还应采取必要的措施预防油路产生气阻而影响发动机的正常运转。因此要勤于检查和排除燃料系统中的气体。对于柴油机来说，在高气温下因破坏了热规范，降低了气缸的充气系数，再加上夏季空气干燥、粉尘多，特别是晴朗无雨天气的施工条件下尤为突出。依据经验，机械行驶于土地上，空气中的粉尘含量常常达到1.5～2g/m^3。空气中含尘量的增加，促使必须加强对燃料供给系统的保养，特别是空气滤清器、油箱和燃料的粗、细滤清器的情况，否则会大大加速机件的磨损进程。

④ 蓄电池的电解液也会因气温过高而导致水分蒸发速度加快，所以在夏季必须注意加强对蓄电池的检查并加注蒸馏水，同时为防止大电流充电造成蓄电池温度过高，引起蒸发量增加，必须调整发电机调节器，以减少发电机的充电电流，并检查和清洗蓄电池的通气孔。否则可能使蓄电池的电解液过热膨胀而导致蓄电池爆裂。

⑤ 机械行走部分由于外界温度高，特别是轮式机械在炎热的气温下施工，由于轮胎上的负荷和运行速度是随着工作装置的工作状态而变化的，容易引起轮胎气压的剧增和剧减，一旦不慎会使轮胎爆裂。因此，在施工中要特别注意轮胎的温度和气压，经常检查和保持规定的气压标准。

2）对于施工企业已装备的具有先进技术水平、价格昂贵的机械设备，因其技术含量高，单凭经验和普通的维修工具已经难以对这些设备进行正确的维修。因此，这些机械设备应采用现代化的手段，以经济合理的方法进行维修，改革以往计划经济背景下实施的强制修理制度，实行“视情修理法”，即视设备的功能、工作环境、磨损大小，在充分了解与掌握其故障情况、损坏情况、技术情况的前提下进行状态维修和项目维修，这样在确保正常使用的同时，既保证了设备的完好率，又能充分发挥设备的最大工作效率，避免了此类机械不坏不修，坏了又无法修的情况发生。

3）为了促进各基层单位的管理工作，建筑施工企业每年应组织开展机械设备检查评比活动。为了防止基层单位平时不重视设备现场管理，检查时搞突击应付，检查评比宜采用不定期抽检的方式进行。另外，检查评比的结果还应与企业的奖惩制度相结合，体现“增产节约有奖，损失浪费要罚”的原则，对优秀的管理单位与个人给予奖励，对管理差的予以处罚。这样，不但有效地推动了企业的设备管理工作，还减少了设备的故障停机率，保证了企业的正常生产，保证了企业自身的利益。

总之，要搞好施工机械设备使用维护管理，需要各级单位领导的重视，各部门的配合，使设备管理制度化、规范化、科学化，只有按正常的管理程序，努力提高机械设备的完好率、生产率、经济寿命率，使其在工程施工中发挥应有的作用，才能使施工机械设备使用维护管理工作走向良性循环轨道，从而降低施工机械设备与机具的能耗。

二、机械设备的选择与使用

1. 选择功率与负载相匹配的施工机械设备，避免大功率施工机械设备低负载长时间运行

施工机械设备容量选择原则是：在满足负荷要求的前提下，主要考虑电机经济运

行，使电力系统有功损耗最小。对于已投入运行的变压器，由实际负荷系数与经济负荷系数差值情况即可认定运行是否经济，等于或相近时为经济，相差较大时则不经济。除此之外，根据负荷特性和运行方式还需考虑电机发热、过载及启动能力留有一定裕度(一般在10%左右)。对恒定负荷连续工作制机械设备，可使设备额定功率等于或稍大于负荷功率；对变动负荷连续工作制设备，可使电机额定电流(功率、转矩)大于或稍大于折算至恒定负荷连续工作制的等效负荷电流(功率、转矩)，但此时需要校核过载、启动能力等不利因素。

2. 机电安装可采用节电型机械设备，如逆变式电焊机和能耗低、效率高的手持电动工具等，以利节电

逆变式电焊机是一种通过逆变器(将直流电转换成交流电的装置)提供弧焊电源的新型电焊机。这种电源一般是将三相工频(50Hz)交流网络电压，经输入整流器整流和滤波，变成直流，再通过大功率开关电子元件(晶闸管SCR、晶体管GTR、场效应管MOSFET或IGBT)的交替开关作用，逆变成几赫兹到几十赫兹的中频交流电压，同时经变压器降至适合于焊接的几十伏电压，后经再次整流并经电抗滤波输出相当平稳的直流焊接电流。逆变式电焊机具有高效、节能、轻便和良好的动态特性，且电弧稳定，溶池容易控制、动态响应快、性能可靠、焊接电弧稳定、焊缝成形美观、飞溅小、噪声低、节电等特性。

3. 机械设备宜使用节能型油料添加剂，在可能的情况下，考虑回收利用，节约油量

节能型油料添加剂可有效提高机油的抗磨性能，减轻机油在高温下的氧化分解，防止酸化，防止积炭及油泥等残渣的产生，最终改善机油质量，降低机油消耗。由于受施工环境和条件的影响，施工机械设备的燃油浪费现象比较严重，如果能够回收利用，既环保又节能，一举两得。国内外研究表明，现在对燃油甚至余热的回收利用技术已经比较成熟。

三、合理安排工序

进入施工现场后，要结合当地实际情况和公司的技术装备能力、设备配置等情况确定科学的施工工序，并根据施工图合理编制切实可行的机械设备专项施工组织设计。在编制专项施工组织设计过程中，要严格执行施工程序，科学安排施工工序，应用科学的计算方法进行优化，制定详细、合理、可行的施工机械进出场组织计划，以提高各种机械的使用率和满载率，降低各种设备的单位耗能。

第三节 生产、生活及办公临时设施

一、存在的问题

施工现场生产、生活及办公临时设施的建造因受现场条件和经济条件的限制，一般多是因陋就简，往往存在下列问题：

1. 规划选址不合理。由于没有比较严格的审批制度，建筑施工企业对临时设施的选址仅仅以方便施工为目的，有的搭设在基坑边、陡坡边、高墙下、强风口区域，有的搭建在地势低洼的区域，由于通风采光条件不好，场地甚至长期阴暗潮湿。

2. 保温隔热性能差、通风采光卫生条件差，职工办公、生活条件艰苦。研究表明，夏季室外气温在38℃时，一些采用石棉瓦或压型钢板屋面的临时建筑，其室内温度达36℃以上，工人们要到夜间零点以后才能进入宿舍休息；在冬季，当室外气温在0℃时，室内气温在5～6℃左右，夜间寒冷难忍，往往采用明火取暖，这是引发火灾及一氧化碳中毒事故的重要原因。

3. 为了方便施工和降低工程直接成本，建筑施工企业在临时建筑的围护材料选用方面比较随意，如采用油毛毡、彩条布、竹篱片等作围护材料，不仅保温隔热性能差，增加能耗，而且容易发生火灾事故。

二、原因分析

1. 思想上不够重视。建筑施工企业对临时建筑的重视程度不够，是产生上述现象的根源，主要表现在：受传统的基本建设制度影响较深，片面强调节约成本；"以人为本"思想淡薄；存在"临时"思想，认为使用时间短暂，不愿投入人力、物力和资金。

2. 对临时设施节能认识不足。建筑施工企业往往只计算临时设施的一次投入，忽略了由于临时设施设计不当而在使用过程中所耗费的能源和资金。针对这一原因，有人提出临时设施应作为流动资产管理与核算，把"临时设施"科目提升为一级会计科目，临时设施建设、使用消耗、拆除、报废等均通过该账户核算，其清理净损益直接冲减或增加服务工程的施工成本。

3. 缺乏施工现场临时设施设计技术标准，使得临时设施的设计和施工验收无章可循。很长一段时间以来，我国并没有出台针对施工现场临时设施设计及施工验收规范，致使施工企业特别是中小型企业对临时设施的建设得过且过。

三、解决办法

2007年9月，住房和城乡建设部印发《绿色施工导则》，对生产、生活及办公临时设施的节能、环保提出了具体的要求。并要求各省、自治区建设厅，直辖市建委，国务院有关部门，结合本地区、本部门实际情况认真贯彻执行。

1. 利用场地自然条件，合理设计生产、生活及办公临时设施的体形、朝向、间距和窗墙面积比，使其获得良好的日照、通风和采光。南方地区可根据需要在其外墙窗设遮阳设施。

建筑物的体形用体形系数来表示，是指建筑物接触室外大气的外表面积与其所包围的体积的比值。它实质上是指单位建筑体积所分摊到的外表面积。体积小、体形复杂的建筑，体形系数较大，对节能不利；体积大、体形简单的建筑，体形系数较小，对节能较为有利。

我国地处北半球，太阳光一般都是偏南的，所以建筑物南北朝向比东西朝向节能，研究表明，东西向比南北向的耗热量指标约增加5%左右。

窗墙面积比为窗户洞口面积与房间立面单元面积(即房间层高与开间定位线围成的面积)的比值。加大窗墙面积比，对节能不利。故外窗面积不应过大。在不同地区，不同朝向的窗墙面积比应控在一定范围。

2. 临时设施宜采用节能材料，墙体、屋面使用隔热性能好的材料，减少夏季空调、冬季取暖设备的使用时间及耗能量。

新型墙体节能材料(如孔洞率大于25%非黏土烧结多孔砖、蒸压加气混凝土砌块、石膏砌块、玻璃纤维增强水泥轻质墙板、轻集料混凝土条板、复合墙板等)具有节能、保温、隔热、隔声、体轻、高强度等特点，施工企业可以根据工程所在地的实际情况合理选用，以减少夏季空调、冬季取暖设备的使用时间及耗能量。

3. 合理配置采暖、空调、风扇数量，规定使用时间，实行分段分时使用，节约用电。

四、临时设施中的降耗措施

1. 施工用电

施工用电除施工机械设备用电外，就是夜间施工和地下室施工的照明用电，合理安排施工工序，根据施工总进度计划，在施工进度允许的前提下，尽可能少的进行夜间施工作业，可以降低电能的消耗量。另外，地下室大面积照明均使用节能灯，以有效节约用电。所有电焊机均配备空载短路装置，以降低功耗。夜间施工完成后，关闭现场施工区域内大部分照明，仅留四周道路边照明供夜间巡视，即降低了能耗，又减少了施工对周围环境的影响。

2. 生活用电

针对施工人员生活用电的特点，规定宿舍内所有照明设施的节能灯配置率为100%；生活区夜间10点以后关灯，12点以后切断供电，由生活区门卫负责关闭电源，在宿舍和生活区入口挂牌告知；办公室白天尽可能使用自然光源照明，办公室内所有管理人员养成随手关灯的习惯；下班时关闭办公室内所有用电设备。这些都是建筑施工企业降低施工生活用电能耗的重要措施。

冬季、夏季减少使用空调时间，夏季超过32℃时方可使用空调，空调制冷温度不小于26℃，冬季空调制热温度不大于20℃。

施工人员为了贪图方便，经常使用大功率电热器具做饭、烧水或取暖，造成比较大的能量消耗，而且造成火灾事故的情况时有发生。为了禁止使用大功率电热器具，要求在生活区安装专用电流限流器，禁止使用电炉、电饮具、热得快等电热器具，电流超过允许范围时立即断电。并且定期由办公室对宿舍进行检查，如发现违规大功率电热器具，一律进行没收处理并进行相关处罚。

3. 施工用水

采用循环水、基坑积水和雨水收集等作为施工用水，都是节约施工用水，降低能耗，甚至节约施工成本的主要措施。施工车辆进出场清洗用水采用高压水设备进行冲洗，冲洗用水可以采用施工循环废水。混凝土浇筑前模板冲洗用水和混凝土养护用水，均可利用抽水泵将地下室基坑内深井降水的地下水抽上来进行冲洗、养护。上部施工时在适当部位增设集水井，做好雨水的收集工作，用于上部结构的冲洗、养护，也是切实可行的节水措施。

4. 生活用水

节约施工人员生活用水的主要措施有：所有厕所水箱均采用手动节水型产品；冲洗厕所采用废水；所有水龙头采用延迟性节水龙头；浴室内均采用节水型淋浴；厕所、浴室、水池安排专人管理，做到人走水关，严格控制用水量；浴室热水实行定时供水，做到节约用电、用水。

5. 临时加工场

施工现场的木工加工场、钢筋加工场等均采用钢管脚手架、模板等周转设备料搭设。做到可重复利用，减少一次性物资的投入量。

6. 临时设施的节约

现场临时设施尽量做到工具化、装配化、可重复利用化。施工围墙采用原有围墙材料进行加工，并且悬挂施工识别牌。氧气、乙炔、标养室、门卫、茶水棚等都可以是工具化可吊装设备。临时设施能在短时间内组装及拆卸，可整体移动或拆卸再组装用以再次利用，这将大大节约材料及其他社会资源。

第四节　施工用电及照明

节约能源是我国一项重要的经济政策，而节约电能不但能缓解国家电力供应紧张的矛盾，也是建筑施工企业自身降低成本，提高经济效益的一项重要举措。在建设节约型社会的今天，建筑施工现场电能浪费仍很严重，同时也影响安全用电。随着国家现代化建设事业的发展，工程建设项目逐年增多，施工现场临时用电设施也随之增加。虽然住房和城乡建设部颁布的《施工现场临时用电安全技术规范》早在1988年10月1日就已正式实施，但从各施工工地的实际情况看，在临时用电方面还存在着许多问题。为了保障施工现场的用电安全，提高施工现场节能水平，加快施工进度，有必要加强对施工现场临时用电的管理，针对薄弱环节切实加以改进。

一、建筑施工现场耗电现状

1. 调查表明，建筑施工现场使用旧式变压器居多，甚至还有20世纪60年代的SJ系列老式变压器，其电能损耗大。而且建筑施工现场变压器的负荷变化大。建筑施工连续性差，周期变化大，同时与季节气候变化有关，用电有高峰有低谷。统计资料显示，工地变压器的年平均负荷一般都在50%以下，变压器的空载无功功率占到满载无功功率的80%以上，变压器在低负载时，输出的有功功率少，但使用的无功功率并不减少，功率因数降低。同时，在施工高峰期变压器超负荷运行，短路电能损耗大；在施工低谷期变压器长期轻负荷或空负荷运行，空载电能损失惊人。

2. 电动机的负载变化大。建筑施工现场的电动机负荷变化很大，建筑机械用电量选择总以最大负载为准，实际使用时，往往处在轻载状态。电动机在轻载下运行对功率因数影响很大，因为感应电动机空载时所消耗的无功功率是额定负载时无功功率的

60%～70%，加之建筑工地使用的电动机是小容量、低转速的感应电动机，其额定功率因数很低，约为0.7，就造成了电能的无功消耗较大。

3. 建筑施工现场大量使用电焊机、对焊机以及各种金属削切机床，而这些设备的辅助工作时间比较长，占全部工作时间的35%～65%，造成这些设备处在轻载或空载状态下运行，从而浪费了部分有功功率和大量的无功功率。电焊机、点焊机、对焊机等两相运行的焊接设备，其感性负载功率因数更低。

4. 建筑施工现场临时用电量的估算公式不尽合理，选择配电变电器容量大，不利于节约电能。

5. 建筑施工现场的用电设备多是流动的，乱拉乱接的现象相当严重，使供电接线方式极不合理，线路过长，导线截面与负载也不配套，造成线路无功损耗增大，以致功率因数下降。

6. 部分现场管理人员甚至个别领导对施工用电抱有临时观点，断芯、断股、绝缘层破损的旧橡皮线仍在工地上使用。在断芯、断股处往往产生电火花，消耗电能，也极易引起触电、火灾事故，给建筑施工企业造成不必要的经济损失和不良的社会影响。

7. 建筑施工现场单相、两相负载比较多，加上乱接电源线现象严重，造成三相负载不平衡，中性点漂移，便产生了中性线电流，中性线电耗大。

8. 建筑施工现场低压电源铝线与变压器低压端子的连接多不装铜铝过渡接线端子，直接将铝线绕在变压器铜质端子上，用垫圈、螺母紧固。显然，铝线与铜端子两种不同材质在接触处产生电化学腐蚀加之接触面积也不够，造成接触电阻加大而发热，消耗电能，由于连接不可靠往往造成低压停电，甚至引起火灾。

9. 由于建筑施工现场管理不善，部分工地长明灯无人问津，白白浪费电能；建筑企业大量使用民工，一旦进入冬季，民工用电炉取暖也是屡见不鲜，浪费电能又不安全。

二、施工临时用电的特点

建筑施工用电主要在电动建筑机械设备、相关配套施工机械、照明用电及日常办公用电等几方面。针对其用电特点，建筑施工临电配电线路必须具有采用熔断器作短路保护的配电线路。同时出于对安全性的考虑，要求施工现场专用的中性点直接的电力线路中必须采用TN—S接零保护系统。由于临电电压的不稳定性，临电配电箱负荷保护系统的设置也是必不可少的。对于施工现场及易引起火灾的特性，有施工现场照明系统的必须根据其实施照明的地点进行必要的设计。建筑施工用电的种种特性及其使用规定及要求，对建筑施工用电设计人员提出了一个艰巨的任务，同时作为建筑施工成本的一个重要组成部分，其节能已经成为现在建筑施工企业深化管理、控制成本的一个有力窗口。

三、合理组织施工及节约施工、生活用电

在节约施工用电方面，要积极做好施工准备，按照设计图纸文件要求，编制科学、合理、具有可操作性的施工组织设计，确定安全、节约用电方案和措施。要根据施工

组织设计，分析施工机械使用频次、进场时间、使用时间，进行合理调配，减少施工现场的机械使用数量和电力资源的浪费。如塔吊进行大规模吊装作业时应尽量安排在夜间进行，避开白天的用电高峰时段；施工用垂直运输设备要淘汰低能效、高能耗的老式机械，使用高能效的人货两用电梯，合理管理，停机时切断电源；设置楼层呼叫系统，便于操作，避免空载。施工照明不要随意接拉电线、使用小型照明设备，操作人员在哪个区域作业时，就使用哪个区域的灯塔照明，无作业时，灯塔及时关闭。

在节约生活用电方面，办公及生活照明要使用低电压照明线路，避免大功率耗电型电器的使用。办公照明白天利用自然光，不开或少开照明灯，采用比较省电的冷光源节能灯具，严格控制泛光照明，办公室人走灯熄，杜绝长明灯、白昼灯。夏季办公室空调温度设置应该大于26℃，空调开启后，关严门窗，间断使用。人离开办公室，空调应当及时关闭，减少空调耗电量，避免“开着窗户开空调 ”现象的发生。尽量减少频繁开启计算机、打印机、复印机等办公设备，设备尽量在省电模式下运行，耗电办公设备停用时随手关闭电源。

四、施工临时用电的节能设计

有条件的企业，施工临时用电应该进行节能设计。施工临时用电根据建筑施工用电的特点，建筑施工临时用电节能设计首先要设计合理的线路走向，避免重复线路的铺设，减少电能在传输过程中的损耗；其次是在配电箱的设计和选用等方面进行节能设计；再次是施工照明用电的合理布局和实施，既要有效的保证施工用电的照明亮度，又要在保证照明的情况下合理减少照明用设备等，以达到减少临电用量的目的。

1. 建筑施工合理线路铺设的设计

(1) 临时用电优先选用节能电线和节能灯具。采用声控、光控等节能照明灯具。

电线节能要求合理选择电线、电缆截面，在用电负荷计算时要尽可能算得准确，电线、电缆截面与保护开关的配合原则一般是：对于25A以下的保护开关，电线、电缆载流量应大于或等于保护开关整定值的0.85倍。对于25A以上的保护开关，电线、电缆载流量应大于或等于保护开关整定值的1倍。

节约照明用电不能单靠减少灯具数量或降低用电设备的功率，要充分利用自然光，改善环境的反射条件，推广应用新光源和改进照明灯具的控制方式。

在施工灯具悬挂较高场所的一般照明，宜采用高压钠灯、金属卤化物灯或镇流高压荧光汞灯，除特殊情况外，不宜采用管形卤钨灯及大功率普通白炽灯。灯具悬挂较低的场所照明采用荧光灯，不宜采用白炽灯。照明灯具的控制可以采用声控、光控等节能控制措施。

(2) 临电线路合理设计、布置，临电设备宜采用自动控制装置。

在建筑施工过程的初期，要对建筑施工图纸进行系统的、有针对性的分析施工各地点的用电位置及常用电点的位置。根据施工需要进行用电地点及设备使用电源的路线铺设，在保证工程用电就近的前提下，避免重复铺设及不必要的铺设，减少用电设备与电源间的路程，降低电能传输过程的损耗。

(3) 照明设计以满足最低照度为原则，照度不应超过最低照度的20%。

建筑施工前根据图纸分析，确定施工期间照明的设置，根据规定的照明亮度等，在合理减少不必要浪费的情况下，减少照明消耗。避免出现双重照明及照明漏点。

施工照明用电的设置应该合理安排施工工序，根据施工总进度计划，在施工进度允许的前提下，尽可能少地进行夜间施工。夜间施工完成后，关闭现场施工区域内大部分照明，仅留必要的和小功率的照明设施。

生活照明用电均采用节能灯，生活区夜间规定时间关灯并切断供电。办公室白天尽可能使用自然光源照明，办公室内所有管理人员养成随手关灯的习惯。下班时关闭办公室内所有用电设备。

2. 建筑施工配电箱设计问题分析

在建筑施工初期，即要对建筑施工图纸进行系统的、有针对性的分析施工地点各用电位置及常用电点的位置设立供配电中间站，然后根据具体施工情况进行增加或减少配电点。在这里有一个安全性的问题需要注意，那就是配电箱的安全问题，必须遵守“三级控制、二级保护”，“一机一闸一箱一漏电”的安全原则，以保证施工人员的人身安全及施工现场的防火安全，减少不必要的损失。

3. 建筑施工期间照明的合理布局

建筑施工前根据图纸分析，确定施工期间照明的设置，根据相关规定的照明亮度等，在合理减少不必要浪费的情况下，减少照明消耗。避免出现双重照明及照明漏点。

五、临时用电应采取的节电措施

1. 正确估算用电量，选好变压器容量

在选择变压器容量时，既不能选得过大，也不能选得过小。建筑工地施工用电大体上分为动力和照明两大类，或分为照明、电动机和电焊机三大类。目前有关施工用电量估算的计算公式繁多，有的公式并不尽合理，往往计算负荷不是偏大就是偏小，与实际负荷相去甚远，造成电能的无功损耗比重加大。从诸多的计算公式中筛选出如下两种公式进行施工用电量的估算比较切合实际。

$$S_s=1.05\sim1.10(K_1\Sigma P_D/\cos\varphi+K_2\Sigma S_h) \quad (1)$$

$$S_s=K_1\Sigma P_D/\eta\cos\varphi=K_2\Sigma S_h \quad (2)$$

式中　S_s——施工设备所需容量，kVA；

ΣP_D——全部电动机额定容量之和，kVA；

1.05～1.10——容量损失系数；

K_1——电动机需要系数(含有空载运行影响用电量因素)，电动在10台以内时取$K_1=0.7$；11～30台以上时，取$K_1=0.5$；

K_2——电焊机需要系数，电焊机3～10台时取$K_2=0.6$；10台以上时，取$K_2=0.5$；

$\cos\varphi$——电动机平均功率因数，施工现场最高取0.75～0.78；一般建筑工地取0.65～0.75。

η——电动机效率，平均在0.75～0.9之间，一般取0.86。

求得施工用电设备容量后，另加10%照明用电，即是所需供电设备总容量。

$$S_z \geq 1.10 S_s$$

根据施工用电经验得知，如果在一个计算公式里同时采用1.05～1.10和η两个系数，一般所选用的配电变电设备容量偏大，因此不宜同时使用这两个系数。

2. 提高供电线路功率因数

一般来说，在交流电路中，电压与电流之间相位差(常用ϕ表示)的余弦叫做功率因数，即为$\cos\varphi$。可见，功率因数是衡量电气设备效率高低的一个系数。功率因数低，说明电路用于交变磁场转换的无功功率大，降低了设备的利用率，增加了线路供电损失。所以，提高施工临时用电供电线路功率因数也是一项好的节电措施。

目前建筑工地供电线路功率因数普遍偏低，据调查，一般都在0.6左右，甚至更低。为了提高功率因数，可以从加强施工用电管理，尽量使用供电线路，布局趋于合理等方面采取措施；另一方面，在供电线路中接入并联电容器，采用并联电容器补偿功率因数以提高技术经济效益。

3. 平衡三相负载

建筑施工工地由于单相、两相负载比较多，为了达到三相负载平衡，必须从用电管理制度着手，在施工组织设计阶段就必须充分调查研究，根据不同用电设备，按照负荷性质分门别类，尽量做到三相负载趋于平衡。用户接电必须向工地供电管理部门书面申请(注明用电容量和负荷性质)，待供电部门审批后，方能接在供电部门指定的线路上。平日不经供电部门允许，任何人不得擅自在线路上接电。值得一提的是，平衡三相负载是一项基本不需要付出任何经济代价而能取得较大实效的节电技术措施。

4. 降低供电线路接触电阻

接触对导体件呈现的电阻称为接触电阻，目前供电线路中，大量的是铝与铝及铜与铝之间的连接，增加了接触电阻。防止铝氧化简单而行之有效的办法是：在连接之前用钢丝刷刷去表面氧化铝，并涂上一层中性凡士林，当两个接触面互相压紧后，接触表面的凡士林便被挤出，包围了导体而隔绝了空气的侵蚀，防止铝的氧化。建筑工地上低压电源铝线与变压器低压端子连接大多不装铜铝过渡接线端子，往往将铝线直接箍在变压器铜质端子上用垫圈和螺母紧固即完。显然，因铝线与铜端子在接触处不断氧化，加之接触面积也常常不够，这样就造成接触电阻大而损耗大量电能。

近年来，一种行之有效的节电材料—DG1型或DJG型电接触导电膏问世，其节电效果就进一步显著了，在接触表面涂敷导电膏，不仅可以取代电气连接点（特别是铝材电气连接点)装接时所需涂敷的凡士林，而且可以取代铜铝过渡接头及搪锡、镀银等工艺。

5. 采用新技术、新装置，不断更新用电设备

这些装置主要包括配电变压器、电动机和电焊机。

从配电变压器考虑：电力变压器的功率因数与负载的功率因数及负载率有关。在条件允许的地方，最好采用两台变压器并联运行，或把生产用电、生活用电与照明分开用不同的变压器供电。这样可以在轻负载的情况下，将一部分变压器退出运行，以减少变压器的损耗。同时，对旧型号变压器进行有计划有步骤的更新，以国家重点推广的节能产品 SL7、S7、S9 系列低损耗电力变压器来取代。在规划新的建筑工地变电所，亦应尽可能选用 SL7、S7、S9 等低损耗节能变压器。

从电动机考虑：电动机是建筑施工现场消耗无功功率的主要设备，一般工地电动机所需的无功功率在总用电功率的 50%以上，甚至高达总用电功率的 70%。目前建筑工地使用的电动机主要是 Y 系列和 Y2 系列，对新建项目应选用 YX、Y2-E 系列高效节能电动机，其总损耗平均较 Y 系列下降 20%～30%。

电动机的容量应根据负载特性和运行状况合理选择，应选用节能产品，如 Y 系列节能电动机。被国家列为淘汰的产品电动机应逐步更换为节能产品。目前正在运行的电动机，如负载经常低于 40%，则应予更换。对空载率高于 60%的电动机，应加装限制电动机空载运行的装置。建筑工地使用的电动机，“Y-△”自动转换节电器能提高电动机在轻载负荷时的功率因数和功率，从而达到节电的目的。

建筑施工现场使用的电动机，经常处于轻重载交替或轻载下运行，功率因数和效率都相当低，电能损耗比较大。因此，除电动机的容量应根据负载特性和运行状况合理选择外，还采取节电措施，对空载率高于 60%的电动机，应加装限制电动机空载运行的装置，JDI 型自动转换节电器能提高电动机在轻载时的功率因数和效率，节约有功电能 5%～30%，降低无功损耗 50%～70%；对工地用的水泵、通风机，由于流量变化较大，可采用变频调速节能等措施。

另外，一些电力电容器厂研制的交流电动机就地补偿并联电容器，为进一步推广低压电动机无功功率就地补偿技术创造了有利条件，也是当前适用于低压电网节能效果比较理想的一种实用技术。

从电焊机考虑：电焊机是工地常用的电气设备，由于间断工作，很多时间处在空载运行状态的原因，往往消耗大量的电能。电焊机加装空载自动延时断电装置，限制空载损耗是一项行之有效的节电措施。据统计，对 17～40kV 交流电焊机，加装空载自动延时断电装置后，在通常情况下，每台焊机每天按 8h 计算，可节约有功电能 5～8kWh，节约无功电能 17～25kWh，其投资可在 1～2 年内从节电效益中得到补偿。

六、加强用电管理，减少不必要的电耗

1. 要克服临时用电“临时凑合”的观点，选用合格的电线电缆，严禁使用断芯、断股的破旧线缆，防止因线径不够发热或接触不良产生火花，消耗电能，引起火灾。

2. 临时用电必须严格按标准规范规定施工，安装接线头应压接合格的接线端子，不得直接缠绕接线，铜铝连接必须装接铜铝过渡接头，以克服电化学腐蚀引起接触不良。

3. 施工作业小组搭接电源必须向工地供电管理部门书面申请(注明用电容量和负载性质)，供电部门批准后，按指定线路和接线处搭接电源，不经供电部门允许，任何人不得擅自在供电线路上乱拉、乱接电源。

4. 制定临时用电制度，教育职工随手关灯，严禁使用电炉取暖、做饭，严禁使用土电褥子，保证既节电又安全。

建筑施工现场电能浪费严重，目前大多数施工现场缺乏完善的节电措施。建筑企

业应从临电施工组织设计开始，正确估算临电用量，合理选择电气设备，科学考虑设备线缆布置，重视临电安装，加强用电管理，快速地将施工现场电能浪费降到最小。

思考题

1. 什么是节能？节能的属性表现在哪些方面？
2. 我国目前的能源状况如何？存在着哪些隐患？
3. 我国政府对节能采取了什么措施？效果如何？哪些方面有待改进？
4. 何谓施工节能？简述施工节能与建筑节能的区别与联系。
5. 施工节能的主要措施有哪些？
6. 制定合理的施工能耗指标体系应遵循哪些原则？
7. 如何建立良好的施工机械设备管理制度？
8. 哪些措施可以降低临时设施中的能耗？
9. 如何加强施工中的用电管理，降低电耗？
10. 谈谈你对施工中节能的新举措。

参考文献

［1］ 绿色施工导则
［2］ 杨志荣，周伏秋. 立足新思维去发掘节能资源. 电力需求侧管理，2008，10 (3)
［3］ 李美云，范参良. 绿色施工评价指标体系研究工程建设，2008，40(1)
［4］ 杨胜辉，徐冬玲. 施工机械的经济核算管理. 建设机械技术与管理，2006，(9)
［5］ 吴鲁华，崔杰，刘丹. 工业企业实用节电措施. 设备管理与维修，2008，(8)
［6］ 孟庆标. 建筑施工临电节能设计应用. 科技资讯，2007，(6)
［7］ 王志祥. 工业与民用建筑电气设计节能办法. 应用能源技术，2006，(7)

第六章　节地与施工用地保护

近年来，随着经济的迅速发展，国家对基础性设施建设力度不断加大，用地量大幅增加。近年来全国土地利用变更调查资料显示，我国耕地面积正在不断减少，建设用地持续增加，“十五”期间全国耕地面积减少 616 万 hm^2，人均耕地已经不足 1.4 亩。同期新增建设用地 219 万 hm^2，其中占用耕地 109.4 万 hm^2。

除了建设项目所必需的永久用地外，临时用地量也十分可观，多数项目临时用地量占永久用地的 30%以上，部分超过 70～80%，有的还占用了部分耕地。

由于近年来环境的日益恶化以及人们对环境可持续发展认识的深入，使得人们对资源的利用有新的认识。面对由于建设而不可回避地需要占用一定数量的土地，考虑到土地资源的不可再生，必须正确处理建设用地与节约用地的关系，提高土地利用率，实施土地资源的可持续发展。

第一节　临时用地的使用、管理和保护

一、临时用地的范围

临时用地是指在工程建设施工和地质勘察中，建设用地单位或个人在短期内需要临时使用，不宜办理征地和农用地转用手续的、或者在施工、勘察完毕后不再需要使用的国有或者农民集体所有的土地(不包括因临时使用建筑或者其他设施而使用的土地)。

临时用地就是临时使用而非长期使用的土地，在法规表述上可称为“临时使用的土地”，与一般建设用地不同的是：临时用地不改变土地用途和土地权属，只涉及经济补偿和地貌恢复等问题。

1. 与建设有关的临时用地

(1) 工程建设施工临时用地，包括工程建设施工中设置的建设单位或施工单位新建的临时住房和办公用房、临时加工车间和修配车间、搅拌站和材料堆场，还有预制场、采石场、挖砂场、取土场、弃土(渣)场、施工便道、运输通道和其他临时设施用地；因从事经营性活动需要搭建临时性设施或者存储货物临时使用土地；架设地上线路、铺设地下管线和其他地下工程所需临时使用的土地等。

(2) 地质勘探过程中的临时用地，包括建筑地址、厂址、坝址、铁路、公路选址等需要对工程地质、水文地质情况进行勘测、勘察所需要临时使用的土地等。

2. 不宜临时使用的土地

临时用地应该以不得破坏自然景观、污染和影响周边环境、妨碍交通、危害公共安全为原则，下列土地一般不得作为临时用地：

城市规划道路路幅用地，防汛通道、消防通道、城市广场等公用设施和绿化用地，居民住宅区内的公共用地，基本农田保护区和文物保护区域内的土地，公路及通信管线控制范围内的土地，永久性易燃易爆危险品仓库，电力设施、测量标志、气象探测环境等保护区范围内的土地，自然保护区、森林公园等特用林地和重点防护林地，以及其他按规定不宜临时使用的土地。

二、临时用地目前存在的主要问题

1. 有的项目单位认为临时用地只要供需双方同意就行，没必要办理手续，更不必要上报相关主管部门，而是直接与土地使用权人或集体经济组织签订协议、使用土地。特别是重点基础设施工程项目，通常被视为促进地方经济发展的契机，一些地方在临时用地方面“一路绿灯”，甚至默许施工单位随意占用耕地。

2. 在项目可行性研究阶段，缺乏临时用地特别是取、弃土(渣)用地方案，使得临时用地选址带有一定的随意性，对临时用地的数量缺乏精确计算，存在宽打宽用，浪费土地的现象。

3. 在临时用地中，铁路、公路桥梁比重较大，工程建设时沿线设置的大量临时制梁场规模庞大，占用了相当数量的土地，由于场地经过重型机械长时间碾压，土质变得十分密实而使得根本无法复垦。

4. 水利水电项目施工期限一般会长达七八年，有的甚至超过 10 年，由于临时用地的期限过长，使得原来应修建的简易施工用房、设施用房提高了标准，临时用地无形中演变为实际上的建设用地。

三、临时用地的管理

统筹安排各类、各区域临时用地；尽可能节约用地、提高土地利用率；可以利用荒山的，不占用耕地；可利用劣地的，不占用好地；占用耕地与开发复垦耕地相平衡，保障土地的可持续利用。

1. 临时用地期限

依据《土地管理法》的规定，使用临时用地应遵循依法报批、合理使用、限期收回的原则。临时用地使用期限一般不超过 2 年，国家和省重点建设项目工期较长的，一般不超过 3 年，因工期较长确需延长期限的，须按有关规定程序办理延期用地手续。

2. 临时用地的管理内容

(1) 在项目可行性研究阶段，应编制临时用地特别是取、弃土(渣)方案，针对项目性质、地形地貌、取土条件等，确定取、弃土(渣)用地控制指标，并据此编制土地复垦方案，纳入建设项目用地预审内容。

(2) 对于生产建设过程中被破坏的农民集体土地复垦后不能用于农业生产或恢复原用途的，经当地农民集体同意后，可将这部分临时用地由国家依法征收。

(3) 在项目施工过程中，探索建立临时用地监理制度，加强用地批后监管。

1) 用地单位和个人不得改变临时用地的批准用途和性质，不得擅自变更核准的位置、不得无故突破临时用地的范围；

2）不得擅自将临时用地出卖、抵押、租赁、交换或转让给他人；不得在临时用地上修建永久性建筑物、构筑物和其他设施；

3）不得影响城市建设规划、市容卫生，妨碍道路交通，损坏通信、水利、电路等公共设施，不得堵塞和损坏农田水系配套设施。

四、临时用地保护

1. 合理减少临时用地

（1）在环境与技术条件可能的情况下，积极应用新技术、新工艺、新材料，避开传统的、落后的施工方法，例如在地下工程施工中尽量采用顶管、盾构、非开挖水平定向钻孔等先进的施工方法，避免传统的大开挖，减少施工对环境的影响。

（2）深基坑的施工，应考虑设置挡墙、护坡、护脚等防护设施，以缩短边坡长度。在技术经济比较的基础上，对深基坑的边坡坡度、排水沟形式与尺寸、基坑填料、取弃土设计等方案进行比选，避免高填深挖。尽量减少土方开挖和回填量，最大限度地减少对土地的扰动，保护周边自然生态环境。

（3）认真勘察、引用计算精度较高、合理、有效且方便的理论计算，制定最佳土石方的调配方案，在经济运距内充分利用移挖作填，严格控制土石方工程量。

（4）施工单位要严格控制临时用地数量，施工便道、各种料场、预制场要结合工程进度和工程永久用地统筹考虑，尽可能设置在公共用地范围内。

（5）在充分论证取土场复垦方案的基础上，合理确定施工场地、取土场地点、数量和取土方式，尽量结合当地农田水利工程规划，避免大规模集中取土，并将取、弃土和改地、造田结合起来。有条件的地方，要尽量采用符合技术标准的工业废料、建筑废渣填筑，减少取土用地。

（6）在桥梁设计中宜采用能够降低标高的新型桥梁结构，降低桥头引线长度和填土高度。充分利用地形，认真进行高填路堤与桥梁、深挖路堑与隧道、低路堤和浅路堑等施工方案的优化。

（7）在道路建设中，建设单位可以采取线路走向距离最短与控制路基设计高度等措施，优选线路方案，减少占用土地的数量和比例。

2. 红线外临时占地要重视环境保护

红线外临时占地要重视环境保护，不破坏原有自然生态，并保持与周围环境、景观相协调。在工程量增加不大的情况下，应优先选择能够最大限度节约土地、保护耕地、林地的方案，严格控制占用耕地、林地，要尽量利用荒山、荒坡地、废弃地、劣质地，少占用耕地和林地。对确实需要临时占用的耕地、林地，考虑利用低产田或荒地(便于恢复)。工程完工后，及时对红线外占地恢复原地形、地貌，使施工活动对周边环境的影响降至最低。

3. 保护绿色植被和土地的复耕

建设工程临时性占用的土地，对环境的影响在施工结束后不会自行消失，而是需要人为地通过恢复土地原有的使用功能来消除。按照“谁破坏、谁复垦”的原则，用地单位为土地复垦责任人，履行复垦义务。

取土场、弃土(碴)场、拌合场、预制场、料场以及当地政府不要求留用的施工单位临时用房和施工便道等临时用地，原则上界定为可复垦的土地。对于可复垦的土地，复耕责任人要按照土地复垦方案和有关协议，确定复垦的方向、复垦的标准，在工程竣工后按照合同条款的有关规定履行复垦义务。

(1) 清除临时用地上的废渣、废料和临时建筑、建筑垃圾等，翻土且平整土地，造林种草，恢复土地的种植植被。

(2) 对占用的农用地仍复垦作农田地，在对临时用地进行清理后，对压实的土地进行翻松、平整、适当布设土梗，恢复破坏的排水、灌溉系统。

(3) 施工单位临时用房、料场、预制场等临时用地，如果非占用耕地不可，用地单位在使用硬化前，要采取隔离措施将混凝土与耕地表层隔离，便于以后土地的复垦。

(4) 因建设确需占用耕地的，用地单位在生产建设过程中，必须开展“耕作层剥离”，及时将耕作层(表层 30cm 土层)的熟土剥离并堆放在指定地点，集中管理，以便用于土地复垦、绿化和重新造地，以缩短耕地熟化期，提高土地复垦质量，恢复土地原有的使用功能。

(5) 利用和保护施工用地范围内原有绿色植被(特别在施工工地的生活区)。对于施工周期较长的现场，可按建筑永久绿化的要求兴建绿化。

第二节 临时用地指标

为强化对临时用地的保护，在满足对环境保护以及安全、文明施工要求的前提下尽可能减少临时用地的废弃地和死角，使临时设施占地面积有效利用率大于90%。并严格临时用地指标，即根据施工规模及现场条件等因素合理确定临时设施，如临时加工厂、现场作业棚及材料堆场、办公生活设施等的占地指标。临时设施的占地面积应按用地指标所需的最低面积设计。

一、生产性临时设施

1. 临时加工厂面积参考指标，见表6-1。

临时加工厂面积参考指标　　表6-1

<table>
<tr><td colspan="13">混凝土搅拌站</td></tr>
<tr><td>年产量</td><td colspan="4">3200m^3</td><td colspan="4">4800m^3</td><td colspan="4">6400m^3</td></tr>
<tr><td>单位产量所需建筑面积</td><td colspan="4">0.022(m^2/m^3)</td><td colspan="4">0.021(m^2/m^3)</td><td colspan="4">0.020(m^2/m^3)</td></tr>
<tr><td>占地总面积(m^2)</td><td colspan="12">按砂石堆场考虑</td></tr>
<tr><td>备　注</td><td colspan="4">400L 搅拌机 2 台</td><td colspan="4">400L 搅拌机 3 台</td><td colspan="4">400L 搅拌机 4 台</td></tr>
<tr><td colspan="13">临时性混凝土预制厂</td></tr>
<tr><td>年产量</td><td colspan="3">1000m^3</td><td colspan="3">2000m^3</td><td colspan="3">3000m^3</td><td colspan="3">5000m^3</td></tr>
<tr><td>单位产量所需建筑面积</td><td colspan="3">0.25(m^2/m^3)</td><td colspan="3">0.20(m^2/m^3)</td><td colspan="3">0.15(m^2/m^3)</td><td colspan="3">0.125(m^2/m^3)</td></tr>
<tr><td>占地总面积(m^2)</td><td colspan="3">2000</td><td colspan="3">3000</td><td colspan="3">4000</td><td colspan="3">小于 6000</td></tr>
<tr><td>备　注</td><td colspan="12">生产屋面板和中小型梁柱板等，配有蒸养设施</td></tr>
</table>

续表

半永久性混凝土预制厂			
年产量	3000m^3	5000m^3	10000m^3
单位产量所需建筑面积	0.6(m^2/m^3)	0.4(m^2/m^3)	0.3(m^2/m^3)
占地总面积(m^2)	9000～12000	12000～15000	15000～20000
备　注			

木材加工厂			
年产量	15000m^3	24000m^3	30000m^3
单位产量所需建筑面积	0.0244(m^2/m^3)	0.0199(m^2/m^3)	0.0181(m^2/m^3)
占地总面积(m^2)	1800～3600	2200～4800	3000～5500
备　注	进行原木、大方加工		

综合木工加工厂				
年产量	200m^3	500m^3	1000m^3	2000m^3
单位产量所需建筑面积	0.30(m^2/m^3)	0.25(m^2/m^3)	0.20(m^2/m^3)	0.15(m^2/m^3)
占地总面积(m^2)	100	200	300	420
备　注	加工门窗、模板、地板、屋架等			

粗木加工厂				
年产量	5000m^3	10000m^3	15000m^3	20000m^3
单位产量所需建筑面积	0.12(m^2/m^3)	0.1(m^2/m^3)	0.09(m^2/m^3)	0.08(m^2/m^3)
占地总面积(m^2)	1350	2500	3750	4800
备　注	加工屋架、模板			

细木加工厂			
年产量	5万m^2	10万m^2	15万m^2
单位产量所需建筑面积	0.0140(m^2/m^2)	0.0114(m^2/m^2)	0.0106(m^2/m^2)
占地总面积(m^2)	7000	10000	14300
备　注	加工门窗、地板		

钢筋加工厂				
年产量	200t	500t	1000t	2000t
单位产量所需建筑面积	0.35(m^2/t)	0.25(m^2/t)	0.20(m^2/t)	0.15(m^2/t)
占地总面积(m^2)	280～560	380～750	400～800	450～900
备　注	加工、成型、焊接			

现场钢筋调直或冷拉	所需场地(长×宽)	备　注
拉直场	(70～80)×(3～4)(m)	包括材料及成品堆放
卷扬机棚	15～20(m^2)	3-5t电动卷扬机一台
冷拉场	(40～60)×(3～4)(m)	包括材料及成品堆放
时效场	(30～40)×(6～8)(m)	包括材料及成品堆放
钢筋对焊	所需场地(长×宽)	备　注
对焊场地	(30～40)×(4～5)(m)	包括材料及成品堆放
对焊棚	15～24(m^2)	寒冷地区应适当增加

续表

<table>
<tr><td colspan="2">钢筋冷加工</td><td colspan="2">所需场地(m²/台)</td></tr>
<tr><td colspan="2">冷拔、冷轧机</td><td colspan="2">40～50</td></tr>
<tr><td colspan="2">剪断机</td><td colspan="2">30～50</td></tr>
<tr><td colspan="2">弯曲机 φ12 以下</td><td colspan="2">50～60</td></tr>
<tr><td colspan="2">弯曲机 φ40 以下</td><td colspan="2">60～70</td></tr>
<tr><td rowspan="5" colspan="2">金属结构加工
(包括一般铁件)</td><td>所需场地(m²/t)</td><td>备　注</td></tr>
<tr><td>年产 500t 为 10</td><td rowspan="4">按一批加工数量计算</td></tr>
<tr><td>年产 1000t 为 8</td></tr>
<tr><td>年产 2000t 为 6</td></tr>
<tr><td>年产 3000t 为 5</td></tr>
<tr><td rowspan="4">石灰消化</td><td></td><td>所需场地(m²/t)</td><td>备　注</td></tr>
<tr><td>贮灰池</td><td>5×3=15(m²)</td><td rowspan="3">每二个贮灰池配一套淋灰池和淋灰槽，每 600kg 石灰可消化 1m³ 石灰膏</td></tr>
<tr><td>淋灰池</td><td>4×3=12(m²)</td></tr>
<tr><td>淋灰槽</td><td>3×2=6(m²)</td></tr>
<tr><td rowspan="2">沥青锅场地</td><td colspan="2">所需场地(m²/t)</td><td>备　注</td></tr>
<tr><td colspan="2">20～24(m²)</td><td>台班产量 1～1.5t/台</td></tr>
</table>

2. 现场作业棚面积参考指标，表 6-2。

现场作业棚所需面积参考指标　　表 6-2

名　称	木工作业棚	电锯房	钢筋作业棚
单　位	m²/人	m²	m²/人
面积(m²)	2	80(40)	3
备　注	占地为建筑面积的 2～3 倍	34～36in 圆锯 1 台(小圆锯一台)	占地为建筑面积的 3～4 倍

名　称	搅拌棚	卷扬机棚	烘炉房	焊工房	电工房
单位	m²/台	m²/台	m²	m²	m²
面积(m²)	10～18	6～12	30～40	20～40	15

名　称	白铁工房	油漆工房	机、钳工修理房	立式锅炉房
单　位	m²	m²	m²	m³/台
面积(m²)	20	20	20	5～10

名　称	发电机房	水泵房	空压机房(移动式)	空压机房(固定式)
单　位	m²/kW	m²/台	m²/台	m²/台
面积(m²)	0.2～0.3	3～8	18～30	9～15

3. 现场机运站、机修间、停放场所面积参考指标，见表6-3。

现场机运站、机修间、停放场所需面积参考指标　　表6-3

<table>
<tr><th rowspan="2">施工机械名称</th><th rowspan="2">所需场地(m²/台)</th><th rowspan="2">存放方式</th><th colspan="2">检修间所需建筑面积</th></tr>
<tr><th>内容</th><th>数量(m²)</th></tr>
<tr><td>一、起重、土方机械类</td><td></td><td></td><td rowspan="6">10～20台设1个检修台位(每增加20台增设1个检修台位)</td><td rowspan="6">200(增150)</td></tr>
<tr><td>塔式起重机</td><td>200～300</td><td>露天</td></tr>
<tr><td>履带式起重机</td><td>100～125</td><td>露天</td></tr>
<tr><td>履带式正铲或反铲，拖式铲运机，轮胎式起重机</td><td>75～100</td><td>露天</td></tr>
<tr><td>推土机，拖拉机，压路机</td><td>25～35</td><td>露天</td></tr>
<tr><td>汽车式起重机</td><td>20～30</td><td>露天或室内</td></tr>
<tr><td>二、运输机械类</td><td></td><td rowspan="4">一般情况下室内不少于10%</td><td rowspan="4">每20台设1个检修台位(每增加1个检修台位)</td><td rowspan="4">170(增160)</td></tr>
<tr><td>汽车(室内)</td><td>20～30</td></tr>
<tr><td>汽车(室外)</td><td>40～60</td></tr>
<tr><td>平板拖车</td><td>100～150</td></tr>
<tr><td>三、其他机械类</td><td></td><td rowspan="2">一般情况下室内占30%，露天占70%</td><td rowspan="2">每50台设1个检修台位(每增加1个检修台位)</td><td rowspan="2">50(增50)</td></tr>
<tr><td>搅拌机，卷扬机，电焊机，电动机，水泵，空压机，油泵，少先吊等</td><td>4～6</td></tr>
</table>

说明：1. 露天或室内视气候条件而定，寒冷地区应适当增加室内存放。
2. 所需场地包括道路、通道和回转场地。

4. 仓库面积计算参考指标

(1) 仓库的类型

1) 转运仓库：设置在货物转载地点(如火车站、码头和专用线卸货场)附近，用来转运货物。

2) 中心仓库(或称总仓库)：用以储存整个工程项目工地(或地域性施工企业)所需的材料以及需要整理配套的材料的仓库。中心仓库通常设在现场附近或区域中心。

3) 现场仓库(包括堆场)：专为某项在建工程服务的仓库，一般均就近设置。

4) 加工厂仓库：专供本加工厂储存原材料和加工半成品、构件等的仓库。

(2) 工地仓库的两种形式

不因自然条件而受影响的材料，如：砂、石、混凝土预制构件，脚手架钢管等，可采取露天堆放，其他材料可采取简易的半封闭式棚或封闭式棚。

1) 半封闭式(棚)：简易仓库。

2) 封闭式(库房)：用以堆放易受自然条件影响而发生性能、质量变化的物品。如：金属材料、水泥、贵重的建筑材料、五金材料、易燃、易碎品等。

(3) 工地物资储备量的确定

工地材料储备量一方面要保证工程施工的正常使用，另一方面要避免材料储存过多，以免造成仓库面积过大，增加投资。通常的储存量应该根据工程的现场条件、供应和运输条件来确定，如场地小、运输方便的可少储存，对于运输不便的，受季节影响的材料可多储存。

1）建筑群的材料储备量，一般按年或季度组织储备，按下式计算：

$$q_1 = K_1 Q_1 \tag{6-1}$$

式中 q_1——总储备量；

K_1——储备系数，一般情况下对型钢、木材等用量小或不常使用的材料取0.3～0.4，对砂、石、水泥、砖瓦、石灰、钢材等用量多的取0.2～0.3；特殊条件视具体情况而定；

Q_1——该项材料的最高年、季需要量。

2）仓库面积可用下式计算：

$$F = \frac{q_1}{P} \tag{6-2}$$

式中 F——仓库面积，包括通道面积m^2；

P——每平方米仓库面积能存放的材料、半成品和成品的数量，见表6-4；

q_1——仓库材料储备量。

仓库面积计算用参考数据 **表6-4**

材料名称	钢材	工字钢、槽钢	角钢	
单　位	t	t	t	
储备天数(d)	40～50	40～50	40～50	
每平方米储存量	1.5	0.8～0.9	1.2～1.8	
堆置高度(m)	1.0	0.5	1.2	
仓库类型	露天	露天	露天	
材料名称	钢筋(直筋)	钢筋(盘筋)	钢板	
单　位	t	t	t	
储备天数(d)	40～50	40～50	40～50	
每平方米储存量	1.8～2.4	0.8～1.2	2.4～2.7	
堆置高度(m)	1.2	1.0	1.0	
仓库类型	露天	棚或库约占20%	露天	
材料名称	钢管ϕ200以上	钢管ϕ200以下	钢轨	铁皮
单　位	t	t	t	t
储备天数(d)	40～50	40～50	20～30	40～50
每平方米储存量	0.5～0.6	0.7～1.0	2.3	2.4
堆置高度(m)	1.2	2.0	1.0	1.0
仓库类型	露天	露天	露天	库或棚
材料名称	生铁	铸铁管	暖气片	水暖零件
单　位	t	t	t	t
储备天数(d)	40～50	20～30	40～50	20～30
每平方米储存量	5	0.6～0.8	0.5	0.7
堆置高度(m)	1.4	1.2	1.5	1.4
仓库类型	露天	露天	露天或棚	库或棚

续表

材料名称	五金	钢丝绳	电线电缆
单　　位	t	t	t
储备天数(d)	20～30	40～50	40～50
每平方米储存量	1.0	0.7	0.3
堆置高度(m)	2.2	1.0	2.0
仓库类型	库	库	库或棚
材料名称	木材	原木	成材
单　　位	m^3	m^3	m^3
储备天数(d)	40～50	40～50	30～40
每平方米储存量	0.8	0.9	0.7
堆置高度(m)	2.0	2.0	3.0
仓库类型	露天	露天	露天
材料名称	枕木	灰板条	水泥
单　　位	m^3	千根	t
储备天数(d)	20～30	20～30	30～40
每平方米储存量	1.0	5	1.4
堆置高度(m)	2.0	3.0	1.5
仓库类型	露天	棚	库
材料名称	生石灰(块)	生石灰(袋装)	石膏
单　　位	t	t	t
储备天数(d)	20～30	10～20	10～20
每平方米储存量	1～1.5	1～1.3	1.2～1.7
堆置高度(m)	1.5	1.5	2.0
仓库类型	棚	棚	棚

材料名称	砂、石子(人工堆置)	砂、石子(机械堆置)
单　　位	m^3	m^3
储备天数(d)	10～30	10～30
每平方米储存量	1.2	2.4
堆置高度(m)	1.5	3.0
仓库类型	露天	露天

材料名称	块石	红砖	耐火砖
单　　位	m^3	千块	t
储备天数(d)	10～20	10～30	20～30
每平方米储存量	1.0	0.5	2.5
堆置高度(m)	1.2	1.5	1.8
仓库类型	露天	露天	棚

续表

材料名称	黏土瓦、水泥瓦	石棉瓦	水泥管、陶土管
单　位	千块	张	t
储备天数(d)	10～30	10～30	20～30
每平方米储存量	0.25	25	0.5
堆置高度(m)	1.5	1.0	1.5
仓库类型	露天	露天	露天
材料名称	玻璃	卷材	沥青
单　位	箱	卷	t
储备天数(d)	20～30	20～30	20～30
每平方米储存量	6～10	15～24	0.8
堆置高度(m)	0.8	2.0	1.2
仓库类型	棚或库	库	露天
材料名称	液体燃料润滑油	电石	炸药
单　位	t	t	t
储备天数(d)	20～30	20～30	10～30
每平方米储存量	0.3	0.3	0.7
堆置高度(m)	0.9	1.2	1.0
仓库类型	库	库	库
材料名称	雷管	煤	炉渣
单　位	t	t	m^3
储备天数(d)	10～30	10～30	10～30
每平方米储存量	0.7	1.4	1.2
堆置高度(m)	1.0	1.5	1.5
仓库类型	库	露天	露天

材料名称	钢筋混凝土构件	
	板	梁、柱
单　位	m^3	m
储备天数(d)	3～7	3～7
每平方米储存量	0.14～0.24	0.12～0.18
堆置高度(m)	2.0	1.2
仓库类型	露天	露天

材料名称	钢筋骨架	金属结构	铁件
单　位	t	t	t
储备天数(d)	3～7	3～7	10～20
每平方米储存量	0.12～0.18	0.16～0.24	0.9～1.5
堆置高度(m)	—	—	1.5
仓库类型	露天	露天	露天或棚
材料名称	钢门窗	木门窗	木屋架
单　位	t	m^2	m^3
储备天数(d)	10～20	3～7	3～7
每平方米储存量	0.65	30	0.3
堆置高度(m)	2	2	—
仓库类型	棚	棚	露天

续表

材料名称	模板	大型砌块	轻质混凝土制品
单　位	m^3	m^3	m^3
储备天数(d)	3～7	3～7	3～7
每平方米储存量	0.7	0.9	1.1
堆置高度(m)	—	1.5	2
仓库类型	露天	露天	露天
材料名称	水、电及卫生设备	工艺设备	多种劳保用品
单　位	t	t	件
储备天数(d)	20～30	30～40	
每平方米储存量	0.35	0.6～0.8	250
堆置高度(m)	1	—	2
仓库类型	棚、库各约占 1/4	露天约占 1/2	库

在设计仓库时，除确定仓库面积外，还要正确地确定仓库的平面尺寸(长和宽)，即仓库的长度应满足装卸货物的需要或保证一定长度的装卸面，如钢筋仓库就应该是长条状的。

二、行政、生活福利临时建筑

该类临时建筑为现场管理和施工人员所使用的临时性行政管理和生活福利建筑物，临时建筑物的面积计算：

$$S=N\times P \tag{6-3}$$

式中　S——建筑面积，m^2；

N——人数；

P——人均建筑面积指标，见表 6-5。

临时性行政、生活福利建筑参考指标　表 6-5

临时房屋名称		指标使用方法	参考指标(m^2/人)	备注
办公室		按干部人数	3～4	1. 本表是根据全国收集到的具有代表性的企业、地区的资料综合； 2. 工区以上设置的会议室已包括在办公室指标内； 3. 家属宿舍应以施工期长短和离基地情况而定，一般按高峰年职工平均人数的 10%～30%考虑
宿舍	单层通铺	按高峰年平均职工人数	2.5～3.0	
	双层床		2.0～2.5	
	单层床		3.5～4.0	
家属宿舍			16～25m^2/户	
食堂			0.5～0.8	
食堂兼礼堂			0.6～0.9	
医务室			0.05～0.07	
浴室			0.07～0.1	
理发室			0.01～0.03	
小卖部			0.03	
厕所			0.02～0.07	

说明：资料来源为：中国建筑科学研究院调查报告、原华东工业建筑设计院资料及其他调查资料、建筑施工手册(缩印版)。

第三节 施工总平面布置

施工总平面布置是对拟建项目施工现场的总平面布置，就是对施工中所有占据空间位置的要素进行总的安排，目的是在施工过程中，对人员、材料、机械设备和各种为施工服务的设施所需空间，作出最合理的分配和安排，使它们相互间能够有效组合和安全运行，获得较高的生产效率，从而取得较好的经济效益。具体说就是在施工实施阶段对施工现场总的道路交通、材料仓库、材料加工棚、临时房屋、物料堆放位置、施工设备位置、临时水电管线和整个施工现场的排水系统等做出合理的规划布置，正确处理全工地各项施工设施和永久建筑、拟建工程之间的空间关系。

许多大型的建设项目建设工期往往很长，随着工程的进展，施工现场的布置将不断变化，因此不同的施工阶段有不同的施工总平面布置。

一、施工总平面布置的依据

1. 建设项目所在地区的原始资料，包括建设、勘察、设计单位提供的资料；

2. 建设项目建筑总平面图，要标明一切拟建和原有的建筑物，交通线路的平面位置，还有表示地形变化的等高线；

3. 建筑工程已有的和拟建的地下管道、设施布置图；

4. 总的施工方案、进度计划、质量要求、成本控制，资源需要计划以及储备量计划；

5. 建设单位可提供的房屋和其他设施一览表，工地需要的全部仓库和各种临时设施一览表；

6. 施工用地范围和用地范围内的水、电源位置，原有的排水系统；

7. 项目安全施工和防火标准。

二、施工总平面布置的原则

1. 临时设施的位置和数量，应既方便生产管理又方便生活，因陋就简、勤俭节约。

2. 在满足施工需要的前提下，本着节约用地和对施工用地的保护，现场布置紧凑合理，尽量减少施工用地，既不占或少占农田，而且还便于施工管理。

3. 科学规划施工道路，在满足施工要求的情况下，场内尽量布置环形道路，使道路畅通，运输方便，各种材料仓库依道路布置，使材料能按计划分期分批进场。

4. 为了尽量减少临时设施，要充分利用原有的建筑物、构筑物、交通线路和管线等现有设施为施工服务；临时构筑物、道路和管线还应注意与拟建的永久性构筑物、道路和管线结合建造。并且临时设施应尽量采用装配式施工设施，以提高其安拆速度。

5. 科学合理地确定并充分利用施工区域和场地面积，尽量减少专业工种之间的交叉作业；为便于工人生产和生活，施工区和生活区分开，但距离要近。

6. 平面图布置应符合劳动保护、技术安全、消防和环境保护的要求。

三、施工总平面布置内容

1. 建设项目施工用地范围内地形和等高线；全部地上、地下已有和拟建的建筑物、构筑物、铁路、道路，还有各种管线、测量的基准点及其他设施的位置和尺寸。

2. 全部拟建的永久性建筑物、构筑物、铁路、公路、地上地下管线和其他设施的坐标网。

3. 为整个建设项目施工服务的施工临时设施，它包括生产性施工临时设施和生活性施工临时设施两类。

4. 所有物料堆放位置与绿化区域位置；围墙与入口位置；

5. 施工运输道路，临时供水、排水管线，防洪设施，临时供电线路及变配电设施位置；建设项目施工必备的安全、防火和环境保护设施布置。

四、交通线路

1. 铁路运输

当大量物资由铁路运入工地时，应首先解决铁路由何处引入及如何布置问题。大型工业项目、施工作业区内一般都设有永久性铁路专用线，通常可将其提前修建，以便为工程施工服务。但由于铁路的引入将严重影响场内施工的运输和安全，因此，铁路的引入应靠近工地一侧或两侧。仅当大型工地分为若干个独立的工区进行施工时，铁路才可引入工地中央。此时，铁路应位于每个工区的侧边。

2. 公路运输

当大批材料由公路运入工地时，由于公路布置较灵活，一般先将仓库、加工厂等生产性临时设施布置在最经济合理的地方，然后再布置场外交通的引入。

五、临时设施

施工现场的临时设施较多，这里主要指施工期间为满足施工人员居住、办公、生活福利用房，以及施工所必需的附属设施而临时搭建或租赁的各种房屋，可根据工地施工人数以及施工作业的要求，计算这些临时设施的建筑面积；临时设施必须合理选址、正确用材，确保使用功能且使用方便，并且满足安全、卫生、环保和消防要求。

1. 临时设施的种类

(1) 办公设施，包括办公室、会议室、保卫传达室；

(2) 生活设施，包括宿舍、食堂、商店、厕所、淋浴室、阅览娱乐室、卫生保健室；

(3) 生产设施，包括材料仓库、防护棚、加工棚(如混凝土搅拌站、砂浆搅拌站、木材加工、钢筋加工、金屑加工和机械维修)、操作棚；

(4) 辅助设施，包括道路、现场排水设施、围墙、大门、供水处、吸烟处。

2. 临时设施功能区域划分

施工现场按照功能可划分为施工作业区、辅助作业区、材料堆放区和办公生活区。施工现场以内的办公生活区应当与施工作业区、辅助作业区、材料堆放区分开设置，办公生活区与作业区之间设置标准的分隔设施，进行明显的划分隔离，并保持安全距离，以免非工作人员误入危险区域。安全距离是指在施工坠落半径(包括起重机工作半径)和高压线防电距离之外(建筑物高度为 2～5m，坠落半径为 2m；高度为 30m 时，坠落半径为 5m。1kV 以下的裸露输电线，安全距离为 4m；330～550kV 的裸露输电线，安全距离为 15m)。如因条件限制，办公生活区设置在坠落半径区域内，必须采取可靠的防护措施。

办公生活临时设施也不得设置在沟边、崖边、河流边、强风口处、高墙下以及滑坡、泥石流等灾害地质带上和山洪可能冲击到的区域。

功能区的规划设置时还应考虑交通、水电、消防和卫生、环保等因素。

3. 临时设施的搭设与使用管理

(1) 办公和生活用房

临时办公和生活用房应采用经济、美观、占地面积小、对周边地貌环境影响较小，且适合于施工平面布置动态调整的多层轻钢活动板房、钢骨架水泥活动板房等标准化装配式结构。

1) 行政管理的办公室等应靠近施工现场或是施工现场出入口，以便联络和加强对外联系；施工管理办公室尽可能布置在比较中心地带，这样便于加强工地管理。

2) 工人居住用临时房屋应布置在施工现场以外，以靠近为宜；当工人居住用临时房屋设在施工现场以内时，一般在现场的四周靠边布置或集中于工地某一侧，选择在地势高、通风、干燥、无污染源的位置，防止雨水、污水流入。不得在尚未竣工建筑物内设置员工集体宿舍。福利设施房屋应布置在生活区，最好设置在工人集中的地方。

3) 食堂宜布置在生活区，也可设置在施工区和生活区之间，食堂应当选择在通风、干燥的位置，防止雨水、污水流入，应当远离厕所、垃圾站、有毒有害场所等有污染源的地方，装修材料必须符合环保和消防要求；商店应布置在生活区工人较集中的地方或工人上下班路过的地方。

4) 厕所大小应根据施工现场作业人员的数量设置；高层建筑施工超过 8 层以后，每隔 4 层宜设置临时厕所；施工现场应设置水冲式或移动式厕所，厕所地面应硬化，门窗齐全。

(2) 生产性临时设施

生产性临时房屋，如混凝土搅拌站、仓库、加工厂、作业棚、材料堆场等应尽量靠近已有交通线路或即将修建的正式或临时交通线路，缩短运输距离。并按照施工的需要，全面分析比较确定位置。

1) 混凝土搅拌站

根据工程的具体情况可采用集中、分散或集中与分散相结合的三种布置方式。当现浇混凝土量大，又有混凝土专用运输设备时，可选用商品混凝土或在工地或工地附近设置大型搅拌站集中布置，其位置可采用线性规划方法确定，否则就要分散设置小型搅拌站，它们的位置均应靠近使用地点或垂直运输设备。此外还可采用分散和集中相结合的方式，视具体情况而定。

2) 塔式起重机的设置

塔式起重机的位置首先应满足安装的需要，同时，又要充分考虑混凝土搅拌站、料场位置，以及水、电管线的布置等。

固定式塔式起重机的位置应根据机械性能、建筑物的平面形状、大小、施工段划分、建筑物四周的施工现场条件和吊装工艺等因素决定，一般宜靠近路边，减少水平运输量。有轨式塔式起重机的轨道沿建筑物一侧或内外两侧布置，主要取决于建筑物的平面形状、尺寸和四周施工场地条件。

3）材料堆场与仓库

材料堆场与仓库的布置通常区别不同材料、设备和运输方式，考虑设置在运输方便、位置适中、运距较短并且安全的地方，并根据各个施工阶段需要的先后进行布置，尽量节约用地。

① 材料堆场

(*a*) 建筑材料的堆放应当根据用量大小、使用时间长短、供应与运输情况确定，用量大、使用时间长、供应运输方便的，应当分期分批进场，以减少堆场面积；

(*b*) 施工现场各种工具、构件、材料的堆放必须选择适当位置，既便于运输和装卸，又应减少二次搬运；

② 仓库

(*a*) 仓库的类型和位置

a）当采用铁路运输时，中心仓库尽可能沿铁路专用线布置，并且要留有足够的装卸前线，否则要在铁路线附近设置周转仓库；布置铁路沿线周转仓库时，应将仓库设置在靠近工地一侧，以免内部运输跨越铁路。同时仓库不宜设置在弯道处或坡道上。

b）当采用水路运输时，一般应在码头附近设置转运仓库，以缩短船只在码头上的停留时间。

c）当采用公路运输时，周转仓库、中心仓库可布置在工地中心区或靠近使用地点，也可以布置在靠近外部交通连接处；一般材料仓库应邻近公路(装卸时间长的不靠近路边)和施工区(靠近使用点)。

(*b*) 施工场地仓库位置

a）水泥库应当选择地势较高、排水方便的地方；水泥库和砂、石堆场应设置在搅拌站附近，既要相互靠近，又要便于材料的运输和装卸；砖、砌块和预制构件应当直接布置在垂直运输机械或用料点的附近，以免二次搬运；钢筋、木材仓库应布置在加工厂附近。

b）工具库应布置在材料加工区与施工区之间交通方便处，零星和专用工具可分设施工区段；车库应布置在现场的入口；油料、氧气、电石库等易燃易爆材料库应布置在边远、人少，并且是下风向的安全地点。

c）工业项目建筑工地还应考虑主要设备的仓库(或堆场)，笨重设备应尽量放在车间附近的设备组装场，其他设备仓库可布置在车间外围或其他空地上。

4）防护棚

施工现场的防护棚较多，如加工站厂棚、机械操作棚、通道防护棚等。大型站厂棚可用砖混、砖木结构，应当进行结构计算，保证结构安全；小型防护棚一般用钢管扣件脚手架搭设，应当严格按照(建筑施工扣件式钢管脚手架安全技术规范)要求搭设。

5）加工场

各种加工场的布置均应以在不影响建筑安装工程施工正常进行的条件下，方便生产、安全防火、环境保护和运输费用少为原则。一般应将加工场集中布置在同一个地区，且多处于工地边缘，并且将各加工场以及与其相应的仓库或材料堆场布置在同一地区。

① 预制加工场：尽量利用建设单位的空地，如材料堆场、铁路专用线转弯的扇形地带或场外临近处；

② 钢筋加工场：对于需进行冷加工、对焊、点焊的钢筋和大片钢筋网，宜设置中心加工场，其位置应靠近混凝土预制构件加工场；对于小型加工件，利用简单机具成型的钢筋加工，可在靠近使用地点的各个分散钢筋加工棚里进行；

③ 木材加工场：一般原木、锯材堆场应布置在铁路、公路或水路沿线附近；木材加工场和成品堆放场要按工艺流程布置在施工区边缘的下风向；

④ 砂浆搅拌站：对于工业建筑工地，由于砌筑工程量不大，故砂浆量小且分散，集中拌制容易造成浪费，故最好采取分散设置在各使用地点；

⑤ 金属结构、锻工、电焊和机修等车间等，由于它们在生产上联系密切，宜布置在一起；

⑥ 产生有害气体和污染空气的临时加工场，如沥青池、生石灰熟化池、石棉加工场等应靠边布置，并且位于下风向。

(3) 辅助设施

1）场内运输道路

① 充分利用拟建的永久性道路，即提前修建永久性道路或者先修路基和简易路面，作为施工所需的临时道路，在工程结束之前再铺筑路面，以达到减少道路占用土地，节约投资的目的。

② 一般先施工管网，临时道路应尽量布置在无管网地区或扩建工程范围的地段上，以免开挖管道沟时破坏路面。

③ 理想的临时道路应该要把仓库、加工厂和施工点等合理地贯穿起来。

④ 为保证施工现场的道路畅通，道路应有两个以上进出口，应尽量设置环形道路或末端设置回车场地；且尽量避免临时道路与铁路交叉；主要道路宜采用双车道，次要道路宜采用单车道，并满足运输、消防要求。

2）封闭管理

① 围挡

(*a*) 施工现场围墙应该采用轻钢结构预制装配式活动围挡，以减少建筑垃圾，保护环境。

(*b*) 施工现场围挡一般应高于 1.8m，应沿工地四周连续设置，不得留有缺口，并根据地质、气候、围挡材料进行设计与计算，确保围挡的安全性。

(*c*) 禁止在围挡内侧堆放泥土、砂石等散状材料以及架管、模板等，严禁将围挡作挡土墙使用。

② 大门

施工现场应当有固定的出入口，出入口处应设置牢固美观的大门，大门上应标有制作企业的名称和标识。

六、临时水电管网及其他动力设施的布置

1. 临时水电管网

首先根据施工现场具体情况，确定水源和电源的类型和供应量，然后确定引入现场的主干管(线)和支干管(线)的供应量和平面布置形式。

(1) 当有可以利用的水、电源时，可直接将利用的水、电源从外面接入工地，沿工地内主要干道布置主干管(线)，并且通过支干管(线)与各用户接通。考虑安全，临时总变电站应设置在高压线引入工地处，不应放在工地中心(避免高压线穿过工地)；临时水池、水塔应设在用水中心和地势较高处。

(2) 当没有可利用的水、电源时，可在工地中心或靠近主要用电区域设置临时发电设备；为了获得水源，可设置抽水设备和加压设备抽吸地上水或地下水。

(3) 管网一般沿道路布置，供电线路应避免与其他管道设在同一侧。施工现场供水电管网的线路布置相似，有环状、枝状和混合式三种形式。

(4) 水电管网均可布置在地面以下，但电管网也可采用架空布置，距路面或建筑物不小于6m。

2. 消防设备

一般建设项目，要设置消防通道和消火栓，大规模建设项目还要设置消防站，根据工程防火要求，一般消防站应设置在易燃建筑物(木材、仓库等)附近，沿工地道路布置的消火栓间距不得大于120m，与拟建房屋的距离不得大于25m，并不小于5m，距离路边不得大于2m。

七、评价施工总平面布置指标

施工总平面布置方案的评价指标有：施工占地总面积、土地利用率、施工设施建造费用、施工道路总长度和施工管网总长度等。

施工总平面图的布置虽有一个基本程序和原则，但实际工作中不能绝对化，对于设计出若干个不同的布置方案，通常需要在综合分析和计算的基础上，反复修改，对每个可行的施工总平面布置方案进行综合评价，方能确定出一个较好的布置方案。

八、施工总平面设计优化方法

场地分配优化法、区域叠合优化法、选点归邻优化法、最小树选线优化法是几种常用的施工场地平面设计优化计算方法。这几种简便的优化方法在使用中，还应根据现场的实际情况，对优化结果加以修正和调整，使之更符合实际要求。

1. 场地分配优化法

施工总平面通常要划分为几块作业场地，供几个主要专业工程作业使用。根据场地情况和专业工程作业要求，某一块场地可能会适用一个或几个专业化工程使用，但

一个专业工程只能占用一块场地，因此我们以主要服务对象就近服务(运距最短)为原则，经过计算，合理分配各个专业工程的作业场地，以满足各自作业要求。

2. 区域叠合优化法

施工现场的生活福利设施主要是为全工地服务的，因此它的布置数量和位置的确定应力求使用方便、组合线路最短并且合理，各服务点的受益大致均衡。确定这类临时设施的位置可采用纸面作业的区域叠合优化法。

3. 选点归邻优化法(最优设场点)

各种生产性临时设施如材料仓库、混凝土搅拌站等，各服务点的需要量一般是不同的，要确定其最佳位置必须要同时考虑需要量与距离两个因素，使总的运输数(吨公里)最小，即满足目标函数最小，也就是占地最少。

当道路没有环路时，选择优设场点相对简单，可概括为：道路没有圈，检查各个端，小半归临站，够半就设场；当道路有环路时，数学上已经证明，最优设场点一定在某个服务(需)点或道路交叉点上。因此，只能先假定每个服务(需)点或道路交叉点为最优设场点，然后分别计算到每个服务(需)点的运输吨公里数，最小者即为优设场点。

思考题

1. 哪些土地一般不得作为临时用地？
2. 临时用地的使用期限是多少？
3. 选择临时用地的原则是什么？
4. 在土地的复耕中，什么是“耕作层剥离”？
5. 仓库面积计算参考指标中，工地仓库的基本形式有哪些？什么材料或构件可以采取露天堆放？
6. 工地物资储备量的确定取决于哪些因素？储存量多好吗？
7. 施工总平面布置的基本原则是什么？
8. 简述施工场地内水泥库，砂、石堆场，砖、砌块和预制构件，钢筋、木材仓库布置的一般规则。
9. 通过哪些指标来综合评价施工总平面布置的优方案？
10. 施工总平面设计优化方法有哪些？

参考文献

[1] 绿色施工导则
[2] http：//www.863p.com/Article/ArcNews/200706/47712_5.html
[3] 863建筑工程资讯网. http：//www.863p.com/Article/ArcNews/200706/47712_4.html
[4] 863建筑工程资讯网. http：//www.863p.com/Article/ArcNews/200706/47712_3.html
[5] 863建筑工程资讯网. http：//www.863p.com/Article/ArcNews/200706/47712_2.html
[6] 863建筑工程资讯网. http：//www.863p.com/Article/ArcNews/200706/47712.html
[7] 陈燕. 选用节约型材料建造节约型住宅. http：//www.chinahouse.gov.cn/zzbp5/z1242.htm
[8] 李尚杰. 关于加强临时用地管理的建议
[9] 北京市建设工程施工现场管理办法. 2004.9.10

[10] 朝阳市城市规划管理实施细则. 2005.6.3
[11] 公路环境保护设计规范 JTJT 006—2002
[12] 交通部. 关于在公路建设中实行最严格的耕地保护制度的若干意见. 2004，4
[13] 湖南省临时用地管理办法. 湖南省人民政府令第 140 号
[14] 王有为.《绿色施工导则》技术要点解读
[15] 全国人大常委会关于修改《中华人民共和国土地管理法》的决定(2004 年 8 月 28 日第十届全国人民代表大会常务委员会第十一次会议通过)
[16]《中华人民共和国土地管理法实施条例》中华人民共和国国务院令第 256 号
[17] 吴慧娟. 推广绿色施工促进建筑业可持续发展. 建筑，2008，01
[18]《中华人民共和国土地管理法》发布时间：2007.06.26
[19] 建筑施工手册(第四版缩印本)
[20] 贵州高速公路开发总公司公路建设项目施工临时用地管理暂行规定
[21] 湖北省国土资源厅关于加强临时用地管理的通知(鄂土资发［2009］39 号)
[22] 卢志强. 如何规范临时用地管理
[23] 吉首至茶洞高速公路工程建设临时用地管理办法. 2007，8
[24] 同济大学经济管理学院，同济大学管理学院. 建筑施工组织学. 北京：中国建筑工业出版社，1987
[25] 潘全祥. 建筑工程施工组织设计编制手册. 北京：中国建筑工业出版社，1996
[26] 黎谷朗，荣桑. 建筑施工组织与管理. 北京：中国人民大学出版社，1986
[27] 刘瑾瑜，吴洁. 建设工程项目施工组织及进度控制. 武汉：武汉理工大学出版社，2005
[28] 毛鹤勤. 土木工程施工. 武汉：武汉工业大学出版社，2000